MESSER

Eine illustrierte Enzyklopädie über Messer
für die Jagd, den Kampf und das Überleben

Pat Farey

MESSER

Eine illustrierte Enzyklopädie über Messer
für die Jagd, den Kampf und das Überleben

Verlag Stocker-Schmid, Dietikon-Zürich

Motorbuch Verlag, Stuttgart

DER AUTOR

Pat Farey ist Redakteur der britischen Waffenzeitschrift «Gun Mart» und verfasst ausserdem laufend Artikel für die Fachzeitschrift «Shooting Sports». Er schreibt in beiden Zeitschriften aber nicht nur über moderne Jagdmesser und Gebrauchsmesser, sondern er berichtet auch jeden Monat über antike Messer, Blankwaffen aus anderen Kulturkreisen und Sammlerstücke, die in den Auktionshäusern Bonhams, Christie's, Sothebys, Wallis and Wallis und anderen zur Versteigerung anstehen.

Ein hervorragend bebildertes Werk, das einen weit umfassenden Überblick über eine Vielzahl von Messern aus verschiedenen Zeiträumen aus allen Gegenden der Welt bietet. Faszinierende Informationen in lebhaft formuliertem Text, illustriert mit hervorragend detaillierten Fotos, ergänzt durch Zeichnungen und Diagramme.

Dieses Nachschlagewerk ist für alle diejenigen von unschätzbarem Wert, die sich beruflich oder in ihrer Freizeit mit Messern beschäftigen oder die Messer aufgrund ihrer Schönheit oder ihres Wertes sammeln.

IMPRESSUM

© Copyright für die deutschsprachige Ausgabe by
Verlag Stocker-Schmid AG
Dietikon-Zürich

1. Auflage 2004

ISBN 3-7276-7147-5

Die englische Ausgabe erschien unter dem Titel

Knives – An illustrated encyclopedia of knives for fighting, hunting and survival
© Copyright by Chrysalis Books Group PLC, London

Deutsche Übersetzung und fachliche Bearbeitung: Oberstleutnant d. R. Bernd Rolff

Nachdruck, Übersetzung, fotografische Vervielfältigungen sind, auch auszugsweise, verboten. Speicherung und Verbreitung einschliesslich Übernahme auf elektronische Datenträger wie CD-ROM usw. sowie Einspeicherung in elektronische Medien wie Internet usw. ist ohne schriftliche Genehmigung des Verlages unzulässig und strafbar.

Berechtigte Lizenausgabe für Deutschland:

Motorbuch Verlag
Postfach 10 37 43
D-70032 Stuttgart

Ein Unternehmen der Paul Pietsch Verlage GmbH & Co.

INHALTSVERZEICHNIS

	Einleitung	6
KAPITEL 1	Der Ursprung der Messer	12
KAPITEL 2	Klingenmaterialien	16
KAPITEL 3	Messer mit fest stehenden Klingen	30
KAPITEL 4	Klappmesser	50
KAPITEL 5	Messer als Werkzeuge	72
KAPITEL 6	Kampfmesser, Überlebensmesser und Rettungsmesser	84
KAPITEL 7	Das Sammeln von Messern	106
KAPITEL 8	Andere Anwendungen	130
KAPITEL 9	Pflege und Tragesysteme	134
	Glossar	140
	Index	142

Einleitung

Ein Messer für das 21. Jahrhundert? Dieses neue «Superknife» aus den USA ist ein Hybride, in dem man die praktischen Eigenschaften eines konventionellen Taschenmessers mit den auswechselbaren Klingen eines professionellen Arbeitsmessers vereinigt hat.

Es ist eigentlich ganz egal, wie man seine Zeit verbringt oder womit man seinen Lebensunterhalt verdient oder welche Art von Sport oder Hobby man ausübt – irgendwann am Tag kommt der Zeitpunkt, an dem man ein Messer verwenden muss. Ob man sich nun die Butter aufs Brot schmiert, einen Bleistift in der Werkstatt anspitzt, auf dem Feld einen Strick oder anderes Material durchschneidet, die Rosen im Garten beschneidet, einen Brief im Büro öffnet, beim Angeln einen eben gefangenen Fisch ausnimmt, alte Kartons zur Entsorgung zerschneidet … die Liste ist schier endlos. Selbst in dieser hoch technisierten Welt ist das Messer immer noch eines der wichtigsten Werkzeuge des Menschen, und wenn man sich die Zerstörung des World Trade Centers in New York am 11. September 2001 vor Augen hält, dann kann es auch immer noch als tödliche Waffe verwendet werden.

Ich möchte Ihnen in diesem Buch zeigen, wie sich die Messer im Verlauf der Zeit entwickelt haben, von den ersten Faustkeilen der Steinzeit bis zum heutigen Tag, wie manche Materialien und Konstruktionsweisen sich geändert haben, während andere über lange Zeit hinweg so gut wie unverändert blieben. Wie es kam, dass sich aus derselben Grundform – einer Klinge mit einem Handgriff – auf der ganzen Welt so viele Varianten gebildet haben, dass ein Buch im zehnfachen Umfang des vorliegenden Werkes nicht ausreichen würde, um sie alle zu zeigen.

Es gibt sehr viele Spezialmesser für die verschiedensten Einsatzgebiete und Berufe, das geht vom Küchenchef bis zum Chirurgen, aber die meisten davon würden den Rahmen dieses Buches sprengen. Es werden hier also durchaus auch einige Spezialmesser für bestimmte Berufe beschrieben, aber die weitaus meisten hier gezeigten Messer fallen in die allgemeine Kategorie der persönlichen Werkzeuge. Dazu gehören Federmesser, die verschiedensten Arten von Klappmessern, Werkzeuge, Jagdmesser mit fest stehender Klinge und Gebrauchsmesser, Militärmesser, Überlebens- und Rettungsmesser und alle anderen Arten von Messern, die man für Sport im Freien, andere Freizeitbeschäftigungen und Wandern verwenden kann oder die bei den Streitkräften geführt werden. Mit Ausnahme

Links (von oben nach unten): Federmesser «IXL» von George Wostenholm mit Hirschhorngriff und Silbereinlage (ca. 1930), in Sheffield gefertigtes Rodgers-Messer mit Horngriff und ein im klassischen französischen Stil von G. David gefertigtes Klappmesser mit verriegelbarer Klinge.

der Militärmesser werden die meisten Messer von ganz normalen Bürgern geführt, und als solche sind sie genauso gut persönlicher Besitz wie Werkzeuge.

Form und Funktion

Ich erinnere mich noch gut daran, wie fasziniert ich als Kind von unserem Flickschuster und Scherenschleifer war, der sein Geschäft am Ende der Strasse hatte, in der wir wohnten. Ein Teil dieser Faszination beruhte sicherlich darauf, dass man in seinem Geschäft auch Messer und andere Schneidwaren kaufen konnte. Aber am liebsten beobachtete ich den Flickschuster bei seiner eigentlichen Arbeit an der Werkbank, wenn er dort Schuhwerk reparierte oder wenn er an seinem mit einem Fusspedal angetriebenen Schleifstein Messer schärfte. Beim Reparieren von Schuhen schnitt er blitzschnell durch dickes Leder, sein Messer ging durch dieses Material, als wäre es Butter. Das von ihm verwendete flexible Messer ist als «Schusterpfriem» oder einfach «Pfriem» bekannt, und es war nicht einmal ein teures Spezialwerkzeug. Es bestand nämlich nur aus einem flachen Stück Stahl, offensichtlich eine abgebrochene Klinge einer industriellen Bandsäge. Der Griff bestand aus einem Stück Besenstiel, das in zwei Hälften aufgespalten und dann mit Isolierband auf die «Angel» des Messers aufgeklebt worden war. Festgebunden war das Ganze mit normalem Bindfaden. Der Flickschuster hatte der Klinge auf seinem Schleifstein die richtige Form gegeben und sie dann mit einer Feile endbearbeitet. Wenn die Klinge irgendwann zu kurz wurde und sich nicht mehr schärfen liess oder wenn sie abbrach (der Stahl war eigentlich ziemlich spröde), machte er sich einfach ein neues Messer. Und diese ganze Mühe machte er sich, obwohl er in seinem Geschäft eine grosse Auswahl von Schneidwerkzeugen anbot, von winzigen Federmessern über Sackhaken und Sensen zu Fahrtenmessern und Küchenmessern in reicher Auswahl.

Die Sache war einfach die, dass sein handgefertigtes Messer für eine bestimmte Aufgabe genauso gut geeignet war wie ein teureres industriell gefertigtes Spezialmesser. Es erfüllte

Unten, von links nach rechts: Fahrtenmesser «Gilwell Boy Scout» mit einem passenden Beimesser, ca. 1930, zur Erinnerung an Gilwell Park, das erste Pfadfinderlager, hergestellt von Wade & Butcher, Sheffield, England. Ein weiteres Fahrtenmesser aus dem 20. Jahrhundert mit Lederscheide und einem Griff aus Lederscheiben, von Wade & Butcher. Ein weiteres Messer von Wade & Butcher aus dem 20. Jahrhundert mit einem Griff aus Hirschhorn. Fahrtenmesser aus dem 20. Jahrhundert mit Hirschhorngriff von George Wostenholme, Sheffield, England.

die erste und wichtigste Anforderung an eine Konstruktion – es war funktionell. Und das ist eigentlich das, was wir von einem Arbeitsmesser in erster Linie erwarten sollten.

Natürlich konnte damals niemand behaupten, dass das handgefertigte Messer des Flickschusters gut aussah, und das bringt uns zur zweiten wichtigen Anforderung, die ebenfalls mit in Erwägung gezogen werden muss, und die heisst «Form». Dieser Begriff bezieht sich darauf, wie etwas aussieht oder wie sich etwas anfühlt, es ist das visuelle und taktische Element der Konstruktion. Jeder Student im ersten Studienjahr kann uns sofort sagen, dass sich ein Produkt auf dem Markt problemlos durchsetzen wird, wenn Form und Funktion im richtigen Verhältnis zueinander stehen.

Dieselben Regeln gelten eigentlich für alle vom Menschen hergestellten Dinge, aber bei Messern müssen wir auf die Form einen viel grösseren Schwerpunkt legen. So kann man sich zum Beispiel ein gutes Dutzend der sehr funktionellen Bowie-Messer besorgen, die dann aber doch alle eine verschiedene Grösse und ein verschiedenes Gewicht haben, alle Klingen weisen leichte Unterschiede auf, die Formen der Griffe weichen voneinander ab, das gilt auch für die Parierstangen, die Knäufe und natürlich die verwendeten Materialien. Zusätzlich können natürlich noch Verzierungen wie Gravuren oder geätzte Bilder vorhanden sein. Um es kurz zu machen, es sind zwölf völlig unterschiedliche Messer, die aber trotzdem alle «Bowie» heissen.

Es gibt bei Messern keine absolut korrekte «Form» – was schön ist, entscheidet letztendlich das Auge des Betrachters. Und das führt zu einer unendlichen Formenvielfalt, die von den einzelnen Messermachern geschaffen wird. Diese Formenvielfalt ist es, die das Messer von anderen Werkzeugen unterscheidet. Wenn Sie sich einen Hammer oder einen Schraubenzieher zulegen, dann achten Sie hauptsächlich darauf, dass er seine Arbeit richtig macht. Wenn es der Hammer oder Schraubenzieher ist, den sie für diese spezielle Aufgabe brauchen, dann ist der Fall erledigt. Schön müssen diese Werkzeuge wirk-

Oben: Derselbe Stil kann selbst beim selben Typ zu sehr unterschiedlichen Messern führen, so wie das hier an drei Bowie-Messern zu sehen ist (von links nach rechts): ein modernes Überlebensmesser «Outlaw», ein Bowie-Messer im traditionellen Stil von Middleton Bros. aus Sheffield und «The Highlander», eine radikale Konstruktion, die aber sehr funktionell ist, sie stammt von dem unkonventionellen Messerdesigner Gil Hibben.

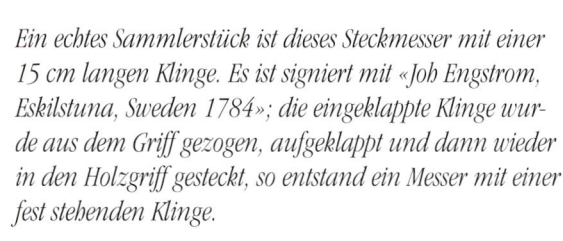

Ein echtes Sammlerstück ist dieses Steckmesser mit einer 15 cm langen Klinge. Es ist signiert mit «Joh Engstrom, Eskilstuna, Sweden 1784»; die eingeklappte Klinge wurde aus dem Griff gezogen, aufgeklappt und dann wieder in den Holzgriff gesteckt, so entstand ein Messer mit einer fest stehenden Klinge.

Ein seltener italienischer Dolch mit Griff aus Knochen und geschnittenen Verzierungen, ca. 1450.

Unten: Als Einzelstück gefertigter Jagddolch, gefertigt von Alan Wood, die Klinge ist aus Damaszenerstahl mit einem «Odin's Auge» genannten Muster, der Griff ist aus Walzahn, die Beschläge sind aus Bronze.

lich nicht sein, darauf werden Sie kaum Wert legen. Bei Messern für den persönlichen Gebrauch liegt der Fall anders. Natürlich werden Sie darauf achten, dass das Messer für den vorgesehenen Zweck geeignet ist, aber Sie werden auch darauf achten, dass es gut aussieht und gut in der Hand liegt. Wenn sie sich für ein persönliches Messer entscheiden, dann legen die meisten Leute auf Form und Funktionalität gleichermassen viel Wert, und es kann sehr gut möglich sein, dass sie sich dessen nicht einmal bewusst sind.

DAS SAMMELN VON MESSERN

Dass wir eine so unendlich grosse Auswahl an Messern zur Verfügung haben, liegt in erster Linie an dem wichtigen Element der Form. Unter extremen Umständen konnte das Element der Form sogar noch wichtiger sein als die Funktionalität. Ich kenne ein paar Leute, die behandeln ihre Messer fast wie Juwelen oder andere kostbare Dinge, und das sagt doch durchaus etwas über ihre Träger aus? Die wollen damit natürlich sagen, dass ihre geschätzten Besitztümer von ausgezeichneter Qualität und Verarbeitung sind, und vielleicht wird man ja sogar aufgefordert, sich selbst von der Schärfe der Klinge zu überzeugen... Aber fordern Sie solche Leute mal auf, mit ihrem Messer eine nützliche Arbeit zu verrichten, da werden Sie ihr blaues Wunder erleben! Diese entsetzten Blicke! Diese Leute haben einfach Freude an ihren Messern, weil sie deren Form schön finden, und das kann man ihnen auch gar nicht übel nehmen. Die heutigen Messer, und das gilt besonders für die in Kleinserie hergestellten Messer, sind nun einmal fast schon kleine Kunstwerke.

Extreme Auswüchse auf dem Gebiet der Form sind die «Fantasy»-Messer, von denen einige überhaupt nicht für den eigentlichen Zweck als Messer zu gebrauchen sind, es sind ganz einfach nur Sammlerstücke.

Es gab Zeiten, da waren die Sammler nur an historischen oder antiken Messern interessiert, aber mittlerweile gibt es so viele hervorragend gemachte und gut aussehende Messerkonstruktionen auf dem Markt, dass sich den Sammlern ein völlig neues Feld erschlossen hat. Einige sammeln nur einen bestimmte Messertyp oder Messer von einem bestimmten Hersteller oder vielleicht auch nur die Arbeiten eines einzelnen Konstrukteurs. Andere dagegen sammeln auf breiterer Ebene.

Ich hoffe, dass dieses Buch auch für den potentiellen Sammler eine Richtschnur sein kann, die ihm dabei hilft, sich für ein spezielles Sammelgebiet zu entscheiden – historische Messer, nach ethnischen Gruppen geordnete Messer, nach Perioden, Typen oder Herstellern geordnete Messer oder ganz einfach moderne Messer oder vielleicht auch nur Messer allgemein. Es gibt sicherlich eine ganze Reihe von Interessengebieten, die in diesem Buch beschrieben sind, und es bietet ein solides Grundwissen in Bezug auf die Grundlagen des Messerbaus.

Das Klappmesser Buck Alpha des Autors. Die Konstruktion des Messers mit seiner feststellbaren Klinge und den synthetischen Griffen ist typisch für viele moderne Jagdmesser.

WELCHES MESSER?

Alle diejenigen, die der Funktionalität eines Messers Vorrang vor seiner Form geben, und ich persönlich neige auch zu dieser Art der Beurteilung, finden in diesem Buch eine grosse Auswahl von Messern aus allen Teilen der Welt, die heute noch auf dem Markt sind. Es wäre natürlich unmöglich, eine Übersicht über alle erhältlichen Messer aufzustellen, man könnte nicht einmal alle Typen, Hersteller und Konstrukteure erwähnen, aber ich habe trotzdem versucht, zumindest die wichtigsten Stilrichtungen und Modelle aufzuführen. Wenn Sie sich schon einmal im Klaren darüber sind, für welchen Hauptzweck Sie Ihr Messer brauchen, dann können Sie das am besten für diesen Zweck geeignete Messer aussuchen. Sie finden in diesem Buch Abschnitte über die meisten für Klingen und Griffe verwendeten Materialien, Beschläge, Verriegelungsarten, Messer mit fest stehenden Klingen und Klappmesser, Klingenformen und so weiter – mehr als genug Information, um die beabsichtigte Wahl richtig zu treffen. Es gibt auch einen Abschnitt über das richtige Schärfen der Klinge und über die Pflege, damit sie ein einmal gekauftes Messer in einem optimalen Zustand erhalten können.

Von all den vielen Messern, die ich jemals selbst besessen habe, war mir mein altes Militär-Taschenmesser der britischen Armee mein liebstes Messer, das leider im Krieg verloren ging. Ausserdem hatte ich noch ein Klappmesser von Western Cutlery, das jetzt seinen wohlverdienten Ruhestand geniesst, und zur Zeit sind meine Lieblingsmesser ein von Ken Onion konstruiertes und von Kershaw fabriziertes Klappmesser (Liebe auf den ersten Blick) und ein Rettungs- und Überlebensmesser «Land & Sea, Rescue» von Cold Steel, ein überaus robustes Messer. Sie haben sicher bemerkt, dass es sich hier bei allen Messern um Klappmesser handelt, aber dieser Messertyp ist nun einmal für meine Arbeiten am besten geeignet. Es gab hin und wieder auch Messer mit fest stehender Klinge, die ich ganz gerne hatte, aber die kann man heutzutage kaum irgendwofür gebrauchen. Eines meiner weiteren Lieblingsmesser ist ein Bowie-Messer für die Jagd, das vor ungefähr 20 Jahren ebenfalls von Western Cutlery gefertigt wurde, aber das habe ich meinem besten Freund geschenkt, weil ich selbst nicht allzu viel damit anfangen konnte. Er benutzt es, um Wild aus der Decke zu schlagen. Ich habe jetzt für den Gebrauch im Freien ein modernes Buck Alpha Hunter, und das sieht nicht nur gut aus, sondern tut auch seine Pflicht – womit wir wieder bei Form und Funktion sind.

Ich habe zwanzig Jahre lang als Stahlbauer gearbeitet, und hier war ein gutes Arbeitsmesser überaus wichtig. Und obwohl ich ohne weiteres Zugriff auf eine ganze Reihe von ausgezeichneten industriell gefertigten Messern hatte, benutzte ich stattdessen so etwas ähnliches wie den Pfriem, den der Flickschuster aus meiner Jugendzeit verwendete. Meine selbst gemachten Messer hatten nur eine anders geformte Klinge. Natürlich gab es einen Grund dafür, warum ich so hässliche selbst gefertigte Messer verwendete. Erst einmal war ich es einfach leid, dass mir dauernd teure Messer herunterfielen und dadurch verloren gingen, ausserdem «borgten» sich meine Freunde und Kollegen dauernd mein Messer, weil ihnen die Form der im Geschäft gekauften Messer so gut gefiel. Stattdessen benutzte ich also jahrelang selbst gefertigte Messer, und ich hatte auch immer einen kleinen Wetzstahl dabei, den ich obendrein als Dorn beim Spleissen verwenden konnte. Die selbst gefertigten Messer waren sicherlich nicht attraktiv, aber sie waren funktionell und

Eines der Lieblingswerkzeuge des Autors – ein im Jahre 1950 bei der britischen Armee eingeführtes Vielzweck-Taschenmesser, das heute noch erhältlich ist.

Dies ist eine der vielen Ausführungen des schweizerischen Armeemessers, das auf der ganzen Welt als Vielzweckwerkzeug berühmt ist. Das hier gezeigte Messer ist das «Classic» von Victorinox, das speziell für den Zivilmarkt konstruiert wurde und für Männer und Frauen gleichermassen geeignet ist.

sie kosteten nichts.

Natürlich muss ich gestehen, dass mir meine selbst gemachten Messer nie so ans Herz gewachsen sind wie mein altes Klappmesser von Western Cutlery. Vielleicht lag es daran, dass sie keine schöne Form hatten. Es waren eben keine komplett durchkonstruierten Gebrauchsmesser, aber das Messer von Western Cutlery war das ganz ohne jeden Zweifel.

Militärmesser

Obwohl in diesem Buch hauptsächlich Messer für Sport und Freizeit und für Sammler attraktive Messer angesprochen werden, werden auch vom Militär und anderen Dienststellen als Werkzeuge oder Waffen verwendete Messer umfangreich behandelt. Immerhin ist das Messer nicht nur das am weitesten verbreitete Werkzeug auf der Welt, sondern es ist in vielen Fällen in seiner Zweitfunktion auch die einfachste und persönlichste Waffe eines Kämpfers. Wir werden uns hier einige faszinierende und einfach und funktionell gestaltete Seitengewehre bzw. Bajonette ansehen, Kampfmesser für allgemeine Zwecke, Kampfmesser für Sonderzwecke, Überlebensmesser und Rettungsmesser. Manchmal gibt es zwischen dem Zivilmarkt und dem Militärmarkt Überschneidungen, wobei dann ein Sektor den anderen beeinflusst. Das KA-BAR und das schweizerische Militärmesser sind perfekte Beispiele dafür, denn sie sind in beiden Bereichen überaus beliebt. Auch hier ist die gesamte Thematik eigentlich viel zu umfangreich, und deswegen müssen wir uns hier mit einer allgemeinen Übersicht auf die Trends bei der Konstruktion von Militärmessern beschränken.

Zu guter Letzt

Wenn Sie dieses Buch lesen, dann werden Sie vielleicht feststellen, dass sich die hier vertretenen Meinungen nicht immer mit dem decken, was sie vielleicht anderswo schon vorher gelesen oder gehört haben. Vielleicht liegt es daran, dass ich keine Messer herstelle, verkaufe oder an deren Verkauf verdiene. Was ich geschrieben habe, ist allein vom Standpunkt des Benutzers und Kritikers aus gesehen, andere Interessen vertrete ich nicht. Einige in diesem Buch gezeigte Messer weisen deutliche Gebrauchsspuren auf – viele davon gehören mir, Freunden oder Kollegen von mir, die ihre Messer jeden Tag bei Beruf oder Hobby hart drannehmen. Andere gezeigte Messer sind neu und ungebraucht, sie kommen direkt vom Hersteller, oder es sind Stücke aus einer Sammlung.

Zu guter Letzt möchte ich Ihnen noch einen guten Rat geben: Wenn Sie sich jemals ein Messer von einem Freund leihen, dann geben Sie es ihm zurück, denn sonst verlieren Sie vielleicht einen guten Freund. Ihr Freund aber könnte ein gutes Messer verlieren, und das ist noch schlimmer ....

Pat Farey

Das KA-BAR ist ein Militärmesser aus dem 2. Weltkrieg, das auch als Zivilmesser für Sport und Camping überaus beliebt wurde. Es sind auch viele Präsentationsausführungen davon erhältlich, von denen einige auch schon wieder ein eigenes Sammelgebiet bilden. Das abgebildete Messer ist die Gedenkausführung für den 60. Jahrestag des Überfalls auf Pearl Harbor.

Der Ursprung der Messer

Das erste scharfe Werkzeug, das unsere Vorfahren in der Steinzeit verwendeten, war wahrscheinlich ein abgebrochenes Stück Felsen (zum Beispiel ein Stück Feuerstein) oder eine Muschelschale mit einer von Natur aus scharfen Kante. Man benutzte ein solches Werkzeug zum Schneiden, Abhäuten der Beutetiere, Kratzen oder als Waffe für die Jagd oder den Kampf. Vermutlich hatte man es vom Boden aufgehoben und es wurde in dem Zustand verwendet, in dem man es gefunden hatte. Man hat solche Schneidwerkzeuge zum Beispiel in Afrika gefunden, und die ältesten von ihnen sind bis 2,5 Millionen Jahre alt. Für das Überleben dieser in vorgeschichtlicher Zeit lebenden kleinen Gruppen von Sammlern und Jägern waren sie ganz sicherlich enorm wichtig, denn sie waren die einzigen Fleischfresser, die nicht mit scharfen Zähnen und Klauen ausgestattet waren. Stattdessen hatten sie aber ein grosses Gehirn und eine sehr fein verwendbare Hand mit gegengestelltem Daumen – sie mussten nur noch lernen, wie man damit Werkzeuge herstellte und sie anwendete.

Es war nur eine Frage der Zeit, bis sie die in der Natur vorgefundenen Steine in ihrer Form verbesserten und sie damit einem bestimmten Zweck anpassten. Das machte man mit Klopfen – das heisst, es wurden so lange relativ grosse Stücke des Feuersteins abgeschlagen, bis man die gewünschte Grundform hatte. Bei der Endbearbeitung wurde der Stein dann noch beschliffen. Diese Technik erforderte beträchtliches Geschick. Man übte dabei mit einem Stück Hartholz oder Hirschgeweih Druck auf den Feuerstein aus und entfernte damit so lange kleine Steinpartikel, bis eine scharfe Schneide entstand. Diese ersten «Messer» hatten noch keine Griffe, sondern sie wurden einfach direkt in der Hand gehalten. Später wurde ein Stück des Steines als Griff verwendet und dazu mit Tierhaut oder Gras umwickelt, damit man ihn besser halten konnte. Der Benutzer konnte sich aber auch ein Stück Tierhaut oder ein paar grosse Blätter auf die Handfläche legen, ehe er den Stein in die Hand nahm.

Als man schliesslich auf die Idee kam, den Stein mit einem Griff zu versehen, waren die ersten so entstandenen Messer einfach ein Stück Feuerstein, das man zwischen ein aufgespaltenes Stück Holz geklemmt hatte, wobei die Schneide hervorstand. Mit Hilfe des Griffes konnte man die Schneide gezielter einsetzten, und man konnte beim Schneiden und Kratzen mehr Kraft anwenden. Schliesslich entstand ein Werkzeug, bei dem die Schneide an das Ende des Griffes befestigt wurde – es ähnelte in seinem Aussehen schon sehr deutlich einem modernen Messer – und man konnte damit jetzt zusätzliche Tätigkeiten wie Bohren und Stechen ausüben. Obwohl die meisten Messer aus Stein, und hier besonders Feuerstein, gemacht waren, kamen auch andere Materialien zum Einsatz wie Obsidian, ein vulkanisches Glas, Muschelschalen, Tierknochen, Zähne, Hörner und sogar Holz.

Verbesserungen

Es wurden Werkzeuge aus der neueren Steinzeit gefunden, bei denen die Bruchstellen des Feuersteins durch Polieren oder feines Abschlagen nachgearbeitet wurden, um eine feinere und sauberer ausgeführte Schneide zu bekommen, mit der man besser und tiefer schneiden konnte. Diese glatten Schneiden bekam man, indem man das Werkzeug an einem schleifenden Stein rieb oder mit ihm bearbeitete, und dieses Verfahren wird heute noch von den australischen Ureinwohnern und den Eingeborenen auf Neu Guinea und in manchen abgelegenen Gegenden Südamerikas angewendet. Die alten Ägypter bearbei-

Obsidian ist eine glasähnliche Masse vulkanischen Ursprungs, zusammen mit Feuerstein und Kieselschiefer wurde sie in manchen Kulturen von der Steinzeit bis heute zum Herstellen von Messern verwendet. Diese Klinge aus Obsidian ist ca. 1880 auf den Admiralitätsinseln in der Südsee entstanden, und es gibt auch heute noch primitive Eingeborenenstämme in abgelegenen Gegenden, die solche Steinzeitmesser verwenden.

teten die Schneide am Feuerstein durch weitere Schläge, um eine gezahnte Schneide zu bekommen, dann befestigten sie daran Handgriffe, die verleimt und festgebunden wurden. Das sechste bis dritte Jahrtausend vor der Zeitenwende waren wahrscheinlich das Zeitalter der Messerherstellung aus Stein. Im Nahen und im Mittleren Osten wurden Steindolche für zeremonielle Zwecke gefunden, die hervorragend geformt waren und die mit Griffen aus Elfenbein, Knochen oder Horn versehen waren.

Obwohl Steinmesser nur eingeschränkt brauchbar waren, weil sie spröde und nicht biegsam waren, darf man ihre positiven Eigenschaften nicht unterschätzen. Das Herstellen eines solchen Messers erforderte Sorgfalt und Geschicklichkeit, aber die Steinzeitmenschen besassen diese Fähigkeiten, und sie kannten sich mit den Eigenschaften des Materials aus. Nachdem ich einmal ein Video über einen Jäger bei einem Stamm in Neu Guinea gesehen habe, der einen erlegten Affen mit einem Feuersteinmesser abhäutete und ausnahm, wobei sein Steinmesser kaum mehr als ein Stück Feuerstein war, kann ich sagen, dass es ein moderner Jäger mit einem Stahlmesser auch nicht besser und schneller hätte machen können.

Aufgrund der zerbrechlichen und spröden Natur des verwendeten Materials waren Steinmesser im Allgemeinen ziemlich kurz und von einfachem Aufbau. Erst mit dem Aufkommen der Metallklingen konnten Messer länger gemacht werden und auch aufwendigere Formen bekommen.

KUPFER

Von den verschiedenen Metallen, die von den Menschen in der Vorzeit zuweilen als kleine Klumpen oder Nuggets an der Erdoberfläche gefunden wurden, war nur das Kupfer für das Herstellen von Messern brauchbar.

Man verwendete zwar auch Gold und Silber, aber diese Metalle waren weicher und wurden deswegen mehr für Messer für Schmuckzwecke oder zeremonielle Zwecke verwendet. Mit etwas Glück fand man manchmal auch meteoritisches Eisen – kleine Eisenklumpen, die

Eine von amerikanischen Indianern auf der Ostseite der Rocky Mountains ca. 9'000 vor Christi Geburt gefertigte Klinge aus Feuerstein. Diese Art der Feuersteinklinge wird als Folsom (nach dem Ort in Neu Mexiko, an dem diese Art von Klinge erstmals gefunden wurde) bezeichnet. Sie ist zweischneidig, hat eine ziemlich breite Spitze und einen konkaven Querschnitt.

Moderne Replika eines Messers aus Obsidian mit einem Knochengriff und Verzierung mit Lederband und Perlen nach Art der amerikanischen Indianer.

von Meteoriten stammten. Das war ein besseres Material für die Messerherstellung, man konnte es durch Hammerschläge formen, aber es war extrem selten.

Kupferklumpen waren so weich, dass man sie durch Hämmern verformen konnte. Durch dieses Verfahren wurde das Metall ausserdem verdichtet, so dass die Schneide härter wurde und auch zum Schneiden benutzt werden konnte. Durch das Hämmern wurde das Material aber auch spröde, dieses Problem konnte jedoch durch den Härteprozess gelöst werden, bei dem das Metall erhitzt und dann in Wasser abgeschreckt wurde.

Der nächste Fortschritt war die Entdeckung, dass man die Kupferklumpen schmelzen und das geschmolzene Metall dann giessen konnte. Das bedeutete, dass die Grösse des Werkzeugs nun nicht länger von der Grösse eines einzelnen Klumpens abhängig war, sondern man konnte mehrere Klumpen durch Schmelzen kombinieren.

Gegossene Klingen waren normalerweise flach und hatten eine einfach geformte Angel für die Anbringung des Griffes. Ungefähr tausend Jahre nachdem die Menschheit gelernt hatte, mit Kupfer umzugehen, wurde das Verfahren des Ausschmelzens von Metall aus Erz entdeckt. Indem man das Kupfer enthaltende Erzgestein wie zum Beispiel Malachit auf 700 bis 800 Grad Celsius erhitzte, wobei das Erz direkten Kontakt mit der Holzkohle hatte, wurden kleine Tropfen aus Kupfer aus dem Erz ausgeschmolzen, die man dann aus der Asche des gelöschten Feuers herauslesen konnte. Das muss für diese frühen Menschen ein ziemlich schwieriger Prozess gewesen sein, denn mit einem «normalen» offenen Feuer konnte man nur Temperaturen bis ca. 600 Grad Celsius erzielen. Deswegen musste Frischluft zugeführt werden, um die erforderliche Mehrtemperatur von 100 bis 200 Grad Celsius zu erreichen. Das war auf dem Gebiet der Technologie ein ganz massiver Schritt nach vorn, und im Grunde genommen wird dasselbe Verfahren auch heute noch angewendet, um Metalle vom Erz zu trennen.

DIE BRONZEZEIT UND DIE EISENZEIT

Ungefähr um 3000 vor Christi Geburt führte dieser Ausschmelzprozess zur Entdeckung der Bronze, einer Legierung aus Kupfer und Zinn, die aus den entsprechenden Erzen gewonnen wurde. Durch den Zinngehalt konnte man das Metall bei niedrigeren Temperaturen

Das Messer vom Pitt River – ein Messer mit einer Klinge aus Feuerstein mit einem dekorativen Elfenbeingriff. Es stammt aus Sheik Hamada in Ägypten und wurde ungefähr 3'100 v.Chr. gefertigt. Der Feuerstein ist sehr fein durch Abschlagen auf einer Seite bearbeitet, so dass auf der Klinge ein regelmässiges Muster entstanden ist. Die Verwendung eines Elfenbeingriffes weist darauf hin, dass dieses Messer nur für zeremonielle Zwecke verwendet wurde. (Foto: © Britisches Museum)

Ein Dolch aus der Bronzezeit 1'450–1'300 v.Chr. Er wurde in Oxborough in Norfolk, England gefunden. Dieses extrem seltene Bronzemesser war als Waffe zu gross und unhandlich, deswegen wurde es wahrscheinlich für zeremonielle Zwecke verwendet. (Foto: © Britisches Museum)

Unten: Römischer Eisendolch mit Scheide, 1. Jahrhundert n.Chr. Er wurde in einer römischen Befestigungsanlage in Hod Hill in Dorset, England gefunden. Der Dolch hat wahrscheinlich einem römischen Soldaten gehört. Die Vorderseite der Eisenscheide war offenbar reich verziert – hier sind noch Winkel, Rosetten und Einlagen aus Messing und Email zu sehen. (Foto © Britisches Museum)

flüssig halten, als das mit reinem Kupfer möglich war, und es konnte auch einfacher in mehrteilige Formen gegossen werden.

Die alten Griechen schmiedeten Bronzemesser und erfanden auch die Metallnieten zur Befestigung der Griffe (die normalerweise aus organischen Materialien bestanden) – das war ein weiterer wichtiger Schritt nach vorn bei der Technologie des Messermachens. Bronze war ein viel härteres und festeres Metall als reines Kupfer, und deswegen konnte man daraus auch viel grössere Blankwaffen wie zum Beispiel Schwerter schmieden. Geschmiedete Bronzeklingen hat man in einer ganzen Reihe von Ländern gefunden, aber es erstaunt wohl nicht weiter, wenn man erfährt, dass die besten davon normalerweise aus dem Nahen und Mittleren Osten stammen.

Eisen ist auf unserem Planeten das am häufigsten vorkommende Metall, und nachdem es einmal gelungen war, es vom Erz zu trennen, wurde es ein überaus beliebtes Material für Klingen. Der älteste bekannte Gegenstand aus geschmiedetem Eisen ist der Dolch von Hittite, der 1350 vor unserer Zeitrechnung entstand und in Ägypten gefunden wurde. Um 1000 v. Chr. wurde Eisen aus Erzen ausgeschmolzen, die aus der Erde gegraben wurden. Dabei wurden höhere Temperaturen angewendet, es musste viel Frischluft zugeführt werden und der Schmelzofen musste höher als früher gebaut werden, damit sich die Mischung aus Eisen und Schlacke aus dem Schmelzbereich gut absetzen konnte.

Eisen ist zweimal so flexibel wie Bronze, es ist härter und viel zäher. Allerdings hielt man Bronze besser für Schmuckklingen und Klingen für zeremonielle Zwecke geeignet, ausserdem war sie beständig gegen Korrosion. So gibt es auf dem Gebiet der Messerherstellung beträchtliche Überlappungen zwischen der Bronze- und der Eisenzeit.

Ihre Blütezeit hatte die Eisenzeit schliesslich um 700 vor Christi Geburt. Jetzt war Eisen das Material erster Wahl für das Herstellen von Klingen im grössten Teil der damaligen zivilisierten Welt. Schon um 1200 herum hatte man entdeckt, dass Eisen durch die Zugabe von Kohlenstoff und Wärmebehandlung härter gemacht werden konnte, und dieses Metall konnte mit viel besseren Schneiden versehen werden. Das war der erste Stahl, und der sollte dann allmählich alle anderen vorher verwendeten Klingenmaterialien ersetzen.

Klingenmaterialien

Vor zweitausend Jahren begann die Kunst der Klingenherstellung aus Stahl ihren Weg durch die zivilisierte Welt zu nehmen. Stahlklingen aus der Zeit aus dem ersten Jahrhundert vor Christi Geburt sind in Italien, Nordafrika, dem Mittleren Osten und Nordeuropa gefunden worden.

Mit zunehmender Verbesserung der Schmelzofentechnologie fand auch der Stahl weitere Verbreitung und wurde langsam billiger. Schliesslich war Stahl bei der Wahl des Klingenmaterials die erste Wahl, und diese Situation ist bis zum heutigen Tage so geblieben.

Stahl ist eine Legierung auf der Grundlage von Eisen, dem andere wichtige Elemente zugefügt werden, wobei es sich in der Hauptsache um Kohlenstoff handelt. Daher stammt auch der Begriff des Kohlenstoffstahls. Der mit Holzkohle beheizte Schmelzofen, in den Luft eingeblasen wird, kam in Asien ungefähr im 7. Jahrhundert nach der Zeitenwende auf, in Europa war er ab dem 14. Jahrhundert in Gebrauch, und in Nordamerika (in Falling Creek in Virginia) ab 1620.

Je mehr Kohlenstoff dem Eisen zugefügt wird, desto härter wird der so entstandene Stahl, und die Klinge wird dadurch schnitthaltiger. Das klingt eigentlich ganz einfach, aber leider gibt es dabei durch das Hinzufügen von Kohlenstoff noch eine Nebenwirkung – der Stahl rostet schneller. Um diese Nebenwirkung auszuschalten, werden noch andere Elemente der Legierung zugefügt.

Im Jahre 1913 fügte Harry Brearley aus Sheffield in England dem Kohlenstoffstahl noch Chrom hinzu, diese Legierung wurde dann in einem aufwendigen Verarbeitungsprozess zu einem Stahl verwandelt, der höchst widerstandsfähig gegen Korrosion war. Dieses Material wurde als rostfreier Edelstahl bekannt, denn es setzt kaum Rost an. Innerhalb weniger Jahre wurden in den USA und in Deutschland sehr ähnliche Prozesse entwickelt, bei denen Nickel und Chrom zugefügt wurden, und schon in den späten 20er Jahren des 20. Jahrhunderts wurde rostfreier Edelstahl fast überall für die Messerherstellung verwendet. Allerdings werden einige Spezialmesser (und das gilt besonders für die besten französischen Schnitzmesser) immer noch aus einfachem Kohlenstoffstahl oder aus Legierungen davon hergestellt.

Moderne Stähle

Um einen guten rostfreien Edelstahl zu bekommen, wird eine grosse Menge Chrom (13 bis 18 Prozent) dem Eisenerz zugesetzt. Da sich die Schnitthaltigkeit eines Stahles mit höherem Kohlenstoffgehalt verbessert, bei höherem Chromgehalt dagegen verschlechtert, werden noch andere Elemente zugesetzt, um diese Nachteile auszugleichen. Zu diesen Elementen gehören Nickel, Mangan, Molybdän, Silizium, Wolfram und Vanadium, die in unterschiedlichen Mengen entweder einzeln oder in Kombinationen zugegeben werden. Heutzutage sind viele verschiedene Stähle für die Klingenfertigung verfügbar, und die Auswahl kann sogar verwirrend sein, denn jeder Stahl hat andere Eigenschaften. In der Hauptsache unterscheidet man zwischen den folgenden vier Kategorien:

Kohlenstoffstähle: Legierungen von Eisen und Kohlenstoff in verschiedenen Verhältnissen, aber für die Messerherstellung fast immer mit mehr als 0,5 % Kohlenstoff.
Verbundstähle: Kohlenstoffstähle, die durch Zugabe von anderen Elementen veredelt wurden, sie enthalten aber weniger als 13 % Chrom.
Rostfreie Edelstähle: Kohlenstoffstähle, die durch Zugabe von anderen Elementen veredelt wurden, sie enthalten mindestens 13 % Chrom.
Damaszenerstähle: Kombination von zwei verschiedenen Stählen, die zusammengeschmiedet wurden und ein bestimmtes Muster bilden.

Im Gegensatz zu den meisten modernen Taschenmessern hat das französische Opinel-Klappmesser traditionell immer noch eine Klinge aus Kohlenstoffstahl – sie ist rasiermesserscharf, sehr schnitthaltig und lässt sich gut schärfen. Allerdings gibt es dieses preiswerte Taschenmesser neuerdings auch mit einer Edelstahlklinge.

KLINGENMATERIALIEN

Oben: Das Überlebensmesser «Wild Country A2» von Fällkniven hat eine sehr aufwendig gefertigte Klinge aus dreilagigem Edelstahl. Die beiden äusseren Lagen bestehen aus dem widerstandsfähigen Stahl 420J2, der Kern ist aus dem harten Stahl VG 10, der auch die Schneide bildet. Diese Kombination ergibt eine starke und zähe Klinge mit hervorragender Schnitthaltigkeit.

Links: Dieses Messer «Project MkII» im militärischen Stil von Chris Reeve besteht aus einem Stück Stahl A2. Das ist ein überaus zäher, beständiger Werkzeugstahl, der sehr schnitthaltig ist und gleichzeitig eine gute Widerstandsfähigkeit gegen Korrosion aufweist.

Obwohl auch die Wahl des Stahles wichtig ist, wird die Qualität des Endproduktes hauptsächlich durch die Arbeit des Messermachers oder Fabrikanten bestimmt. Der Herstellungsprozess, besondere Härteverfahren und Endbearbeitungsverfahren und selbst die Form der Klinge sind alles Faktoren, die nachher das Leistungsvermögen des Stahles beeinflussen.

Man könnte jetzt meinen, dass ein rostfreier Edelstahl in jedem Fall besser ist als ein einfacher Kohlenstoffstahl, aber das ist nicht der Fall. Kohlenstoffstähle sind unglaublich zäh und bieten alle guten Eigenschaften, die man bei Messern braucht – sie sind leicht zu schärfen, sind sehr scharf und bleiben scharf, d.h. sie sind schnitthaltig. Sie können sogar besser sein als manche Arten von rostfreien Edelstählen.

Das Problem bei Kohlenstoffstählen ist die Anfälligkeit für alle Arten von Korrosion (Rost). Das bedeutet, dass solche Klingen regelmässig gepflegt werden müssen, dass man sie nach Gebrauch reinigen muss und dass man sie zum Schutz leicht einölen muss, wenn man sie lagert (siehe auch Kapitel über Schärfen und Pflege). Wenn wir von Korrosion sprechen, dann meinen wir Flugrost, der sich aber leicht wieder entfernen lässt. Wenn man dann allerdings die Klinge vernachlässigt, kann sich dieser Rost zu Rostnarben erweitern. Rostansatz tritt auf, wenn die Klinge mit bestimmten Säuren oder Basen in Berührung kommt, die überall vorkommen. Das tritt aber nur bei bestimmten Kohlenstoffstählen auf, und meist lässt sich der Rostansatz leicht wieder entfernen, aber in manchen Fällen kann er auch hartnäckig sein. Es beeinflusst aber üblicherweise die Gebrauchsfähigkeit des Messers kaum, es sieht nur hässlich aus.

Der Hersteller Cold Steel verwendet bei seinen Klingen der Ausführung «Carbon V» Kohlenstoffstähle, und auch bestimmte Messer des Typs KA-BAR haben Klingen aus Kohlenstoffstahl 1095 (siehe Materialliste). Beide Hersteller versehen die Klingen allerdings mit einer Beschichtung, um den Rostansatz zu verhindern.

Alle in der Materialübersicht als «Verbundmaterial» bezeichneten Stähle sind Legierungen aus Kohlenstoff, Eisen und anderen Elementen, aber es handelt sich nicht um rostfreie Edelstähle, deswegen müssen sie genauso gepflegt werden wie normale Stahlklingen. Diese Spezialstähle wurden ursprünglich für die Herstellung von Werkzeugen in der Industrie und andere industrielle Anwendungen geschaffen. Sie sind besonders zäh und werden deswegen oft für militärische Kampfmesser verwendet. Wie

schon weiter vorher gesagt, sind rostfreie Edelstähle die mit Abstand beliebtesten Materialien für moderne Klingen, aber es darf beileibe nicht jeder einfache rostfreie Edelstahl sein. Die Messermacher haben lange und intensiv geforscht, bis sie Stähle gefunden haben, bei denen die Schnitthaltigkeit von Kohlenstoffstahl und die Korrosionsbeständigkeit von Edelstahl kombiniert waren. Das haben sie weitgehend geschafft, denn Materialien wie 440C, AUS-10, 425-M und 12C-27 erfüllen die meisten grundsätzlichen Anforderungen, und so genannte «Super-Edelstähle» wie ATS-34 können sogar noch mehr. Messermacher verwenden für Sonderzwecke noch viele andere Arten von Edelstählen mit ver-

Links: Viele Messer wie die hier gezeigten Jagdmesser von Frost tragen einfach die Bezeichnung «stainless steel» (rostfreier Edelstahl), und das bedeutet normalerweise, dass sie aus einem der sehr korrosionsbeständigen rostfreien Edelstähle der Reihen 420 oder 440 hergestellt sind, die alle einen ziemlich hohen Gehalt an Kohlenstoff und Chrom haben.

Unten: Die Klinge dieses von Fred Carter entworfenen und bei Gerber gefertigten Messers besteht aus AUS-8, einem Stahl, der mit seinen Eigenschaften dem 440B entspricht. Er ist leicht zu schärfen, hat eine gute Schnitthaltigkeit und ist sehr beständig gegen Korrosion.

Unten: Dieses von Blackie Collins entwickelte und bei Meyerco gefertigte Messer hat eine Klinge aus ATS-34, das ist ein in Japan hergestellter rostfreier Edelstahl, der als eines der besten Materialien für die Messerherstellung gilt.

Ganz unten: Eine moderne, in Indien hergestellte Klinge aus Damaszenerstahl. Angeblich entstand das ursprüngliche wellenförmige Muster auf den Damaszenerklingen durch die Verwendung des uralten indischen «Wootz»-Stahles. Der genaue Verarbeitungsprozess ist aber in Vergessenheit geraten.

schiedenen Härten und Bezeichnungen, die jeweils in bestimmten Bereichen besonders hohe Qualitäten aufweisen, dafür aber in anderen Bereichen Schwächen haben.

Es ist wichtig, dass man immer den richtigen Stahl für den Hauptzweck des Messers aussucht, den es erfüllen soll. Wenn man regelmässig und lange mit dem Messer schneiden muss, so wie das bei Segelmachern, Bauern oder Forstarbeitern der Fall ist, dann sollte man sich für eine Klinge aus einem guten Kohlenstoffstahl entscheiden. Regelmässiger Gebrauch zum Schneiden ist übrigens für ein Messer der beste Schutz gegen Korrosion. Harte Verbundstähle sind die erste Wahl, wenn die Klinge besonders zäh sein muss, aber nicht unbedingt besonders gut schneiden soll. Für so genannte Allzweckmesser sind rostfreie Edelstähle die beste Wahl, denn sie haben auf allen Gebieten recht gute Eigenschaften, die für die meisten Anwender ausreichen. Wenn die Beständigkeit gegen Rost der wichtigste Faktor bei der Auswahl ist, dann empfehle ich einen Stahl mit hohem Chromanteil, das gilt zum Beispiel für Tauchermesser. Wenn Schärfe und Schnitthaltigkeit wichtig sind, dann ist ein guter Kohlenstoffstahl unsere erste Wahl. Wenn eine ausgewogene Mischung aller Qualitäten erwünscht ist, dann muss man ein wenig mehr bezahlen und sich für einen der «Super-Edelstähle» (ATS-34, ATS-55, 154CM, RWL-34 usw.) entscheiden. Allerdings muss man immer daran denken, dass auch rostfreier Stahl trotz seines Namens durchaus rosten kann – er ist nur widerstandsfähiger gegen den Einfluss von anderen Elementen, weil er viel Chrom enthält. Wenn Ihr Messer aus rostfreiem Edelstahl dauernd korrosionsfördernden Elementen wie Salzwasser, Blut, Zitrusfrüchten oder anderen starken Säuren oder Basen ausgesetzt wird und nicht regelmässig gereinigt wird, dann bekommen Sie Probleme.

Der Weg nach Damaskus

Der als Damaszenerstahl oder als Damast bekannte, mit einem Muster geschmiedete Stahl ist ein weiteres hervorragendes Material für Messerklingen, das gilt besonders für Sammlerwaffen oder Messer für den Kenner. Es ist eine der ältesten Formen des geschmiedeten Stahles. Zwar ist dieses Verfahren des Zusammenschmiedens von verschiedenen

Handgefertigtes Jagdmesser von Alan Wood mit einer 4 Zoll langen Klinge aus Damaszenerstahl, der aus rostfreiem Edelstahl mit einem «Odin's Auge» genannten Muster geschmiedet wurde. Der Griff besteht aus afrikanischem Eisenholz, Knauf und Griffzwinge sind im keltischen Stil mit Gravuren verziert.

Rechts: Ein handgefertigtes Messer von Mick Wardell mit einer Klinge aus Damaszenerstahl auf der Grundlage von Kohlenstoffstahl. Das Messer hat einen Griff aus Hirschhorn, einen geschnitzten Knauf und ein Stichblatt aus Neusilber.

Stahlsorten mit dem dazugehörigen Erhitzen, Falten und wiederholten Durchschmieden bis zur Erzielung des gewünschten Musters bei vielen eisenverarbeitenden Völkern bekannt (in Nordeuropa und ganz besonders in Japan), aber der moderne Name kommt von der Stadt Damaskus. Vor 2'000 Jahren gehörte sie zum Persischen Reich. Die Stadt war für ihre stählernen Schwertklingen berühmt, die ein ganz charakteristisches Muster aus dunklen und hellen Wellenlinien aufweisen. Allerdings gibt es eine Theorie, die besagt, dass diese Klingen ihr Muster gar nicht durch einen speziellen Schmiedeprozess erhalten hatten. Der Damaszenerstahl sei stattdessen auf der Grundlage der Verwendung eines «Wootz» genannten Rohstahles entstanden. Dieser Rohstahl kam aus Indien und wurde in kleinen Barren nach Damaskus gebracht. Dort wurde er dann geschmolzen, geschmiedet und in einem speziellen Prozess abgekühlt. Dieser Prozess und nicht ein spezieller Schmiedevorgang war für das Entstehen des Wellenmusters verantwortlich, er ist aber im Verlauf der Geschichte vergessen worden. So jedenfalls lautet diese Theorie.

Heutzutage wird der Begriff Damaszenerstahl aber für Stähle verwendet, die durch das Zusammenschmieden von verschiedenen Stahlsorten entstanden sind und ein Muster aufweisen. Bei diesem Schmiedeprozess können bis zu 500 Lagen entstehen. Der Messermacher kann eine ganze Reihe von verschiedenen Methoden anwenden, um bestimmte Muster zu erzielen, so kann er den Stahl verdrehen, andere Metalle einlegen, Bohrungen anbringen usw. Auch durch Ätzen können Muster erzeugt und verstärkt werden. Der so entstandene laminierte Stahl ist stark, sieht hervorragend aus und ist überaus schnitthaltig. Voraussetzung ist allerdings, dass zu seiner Erzeugung die richtigen Rohstoffe verwendet werden. Natürlich kosten solche in aufwendiger Technik und Handarbeit gefertigten Stähle mehr als normale Stähle. Darum gehören Messer mit handgearbeiteten Damaszenerklingen zu den teuersten Messern auf der Welt.

Man kann Damaszenerstähle auch in grösserem Umfang herstellen, und viele Messermacher kaufen ihre Stähle schon vorgefertigt. Zum Zeitpunkt der Drucklegung

Ein weiteres handgefertigtes Jagdmesser von Alan Wood mit einer 2,5 Zoll langen Klinge aus Damaszenerstahl, der aus rostfreiem Edelstahl geschmiedet wurde. Das Messer hat Beschläge aus Messing und einen Holzgriff nach Art einer Waffenschäftung.

dieses Buches bekam ich aus Schweden einen Prospekt über ein hervorragendes Material für Gewehrläufe aus Schweden, das Damasteel heisst. Dieses Material scheint sehr interessant zu sein, da laut Angaben der Hersteller die Eigenschaften der hochwertigsten rostfreien Edelstähle durch einen einzigartigen Fertigungsprozess darin vereinigt sind. Die Läufe sind in einer ganzen Reihe von Mustern lieferbar, und soweit ich das verstanden habe, kann man das Material bei der Herstellerfirma auch in Stangenform für Messerklingen erwerben.

NICHTEISENMETALLE UND EINIGE VIELVERSPRECHENDE KUNSTSTOFFE

Zu den anderen für Messerklingen verwendeten Materialien gehören Titan, Stellit, keramische Materialien und verschiedene Kunststoffe. Titan ist berühmt, weil es so stark wie Stahl, aber viel leichter ist. Leider ist es aber auch dafür bekannt, dass es nicht scharf bleibt. Es gibt aber eine ganze Reihe von Messermachern, die gern mit diesem Material arbeiten, das gilt besonders für sehr teure Tauchermesser, denn Titan ist gegenüber Korrosion viel widerstandsfähiger als Stahl. Auch die amerikanischen Spezialtruppen SEAL (SeaAirLand special forces) verwenden es, weil es nicht magnetisch ist (das erste Titanmesser, das ich je gesehen habe, gehörte einem Angehörigen der SEAL). Allein schon die Tatsache, dass es von einer so berühmten Spezialtruppe verwendet wird, wirkt sich enorm verkaufsfördernd aus. Offensichtlich halten die neuesten Titanlegierungen die Schneide besser als frühe Titanmesser, und ich habe auch schon Klappmesser aus diesem Material gesehen. Aber es ist nach wie vor ein sehr teures Material, und es ist schwierig zu bearbeiten.

Eines der ungewöhnlichsten Materialien für die Herstellung von Messerklingen ist Stellit. Dabei handelt es sich um eine Legierung auf Kobaltbasis, die sehr schnitthaltig und fast vollkommen widerstandsfähig gegen Korrosion ist. Es wird üblicherweise für Tauchermesser verwendet, was aufgrund seiner Eigenschaften auch zu erwarten ist, aber es ist selten.

Keramikklingen sieht man schon öfter einmal an modernen Küchenmessern, aber es gibt auch Gebrauchsmesser mit solchen Klingen, einschliesslich zweier Modelle von Böker. Diese Messer haben normalerweise eine Schneide, die eine halbe Ewigkeit hält, und das ist auch gut so, denn die meisten werden mit der Empfehlung ausgeliefert, sie zum Schärfen an den Hersteller zurückzuschicken. Es gibt Fachleute, die behaupten, dass diese Klingen zu spröde sind und dass sie zerbrechen, wenn sie auf eine harte Oberfläche fallen, aber ich habe noch nie jemanden gesprochen, dem so etwas tatsächlich passiert ist.

Weitere Klingenmaterialien, die in nennenswertem Umfang verwendet werden, sind verschiedene Arten von Nylon und anderen Kunststoffen. Das gilt natürlich für Gebrauchsmesser und nicht für Essbesteck. Diese Messer haben oftmals eingeschmolzene oder eingespritzte Verstärkungsschienen, und die Schneiden sind oft gezahnt.

Links: Ein ungewöhnliches Klappmesser aus Titan, das von dem in Grossbritannien lebenden persischen Messermacher Farid gefertigt wurde. Titan ist ein leichtes, starkes und korrosionsfreies Metall, das aber schwer zu bearbeiten ist und obendrein viel kostet.

Unten: Dieses vom deutschen Hersteller Böker gefertigte Messer der Reihe «Infinity» hat eine Keramikklinge, die von der Firma Kyocera Corporation gefertigt wurde. Klingen aus Keramikmaterial bleiben überaus lange scharf.

KLINGENMATERIALIEN

Rechts: Zwei Kunststoffmesser von der Firma Cold Steel aus der Reihe Special Projects. Das Modell «Delta Dart» (oben) und das «Covert Action Tanto» bestehen aus einem Kunststoffmaterial namens Zytel, bei dem es sich um mit Glasfasern verstärktes Nylon handelt. Solche Messer sind mit herkömmlichen Sicherheitssystemen schwer zu orten.

Unten: Das Messer LS-17 von Lansky Sharpeners besteht völlig aus schwarzem ABS-Kunststoff, wodurch es leicht, aber robust ist. Mit der Klinge und der Sägezähnung kann man zwar auch schneiden, aber aufgrund der spitzen Form der Klinge ist das Messer eher als Waffe für den Notfall geeignet.

Mit Ausnahme des Lansky LS17, mit dem man auch schon einmal kleine Schneidearbeiten wie das Öffnen einer Schachtel oder eines Briefes durchführen kann, ist der Hauptzweck dieser Kunststoffmesser die Selbstverteidigung, deswegen tragen sie auch Namen wie «Heart Attack Push Dagger». Ein weiterer wichtiger verkaufsfördernder Punkt ist die Tatsache, dass sie sich gut verdeckt tragen lassen. Das gilt besonders für den «Stealth Defense» genannten Satz aus Bürste und Kamm, die wie normale Haarpflegegeräte aussehen, in deren Griffen aber Klingen aus verstärktem Kunststoffmaterial versteckt sind. Die am besten bekannten Exemplare dieser Kunststoffwaffen sind die Messer «Special Projects Delta Dart» und «Special Projects Covert Action Tanto», die beide von der Firma Cold Steel gefertigt werden. Das erste davon hat eine dreikantige Dolchklinge mit einem geriffelten Griff und einem runden Knauf, diese Seite des Messers kann auch als Schlagstock verwendet werden. Das zweite Messer sieht wie ein Tanto aus und hat eine Klinge mit Hohlschliff, mit der man wohl auch schneiden kann. Die Spitze der Klinge weist darauf hin, dass sie hauptsächlich für den Stich vorgesehen ist. Beide Messer sind aus hochfestem, glasfaserverstärktem Kunststoff Zytel auf Nylonbasis hergestellt.

DIE HÄRTEGRADE AUF DER ROCKWELL-SKALA

Die Skala Rockwell C wird verwendet, um die Härte der verschiedenen Stahlsorten für Messer zu ermitteln. Dazu wird unter dem Druck eines geringen Gewichtes eine Diamantspitze in eine Probe des Stahls gedrückt. Danach wird mit einem erheblich schwereren Gewicht Druck ausgeübt, und dann kommt wieder das leichte Gewicht. Der Unterschied zwischen den Eindrücken wird gemessen, und aus den so erhaltenen Messergebnissen wird ein Vergleichswert auf der Rockwell-Skala ermittelt. Die meisten brauchbaren Messerstähle haben Härtegrade um 50 Grad Rockwell, ganz harte Stähle liegen bei 60 Grad Rockwell. Legen Sie aber nicht allzu viel Wert auf die Rockwell-Skala, sie hat für die Messermacher viel mehr Bedeutung als für die Endverbraucher.
Wenn der Wert Ihres Messers irgendwo innerhalb der normal üblichen Werte auf der Härteskala liegt, dann ist alles in Ordnung und Sie sollten sich keine Sorgen machen.

KLINGENMATERIALIEN

Die folgenden Stähle und anderen Materialien werden von allen grösseren industriellen Messerherstellern und handwerklich arbeitenden Messermachern verwendet. Alle Messermacher haben für bestimmte Aufgabenbereiche auch bestimmte Lieblingsmaterialien, einige schwören auf die hier aufgeführten Materialien, andere dagegen mögen darüber schimpfen! Die Liste ist nicht vollständig, denn es sind auf der Welt weitaus mehr Stähle erhältlich, als hier aufgeführt sind. Wir möchten hier nur einen groben Leitfaden geben, damit Sie ungefähr wissen, wovon die Rede ist, wenn Sie einen Messerkatalog lesen oder ein Messer mit einer solchen Bezeichnung auf der Klinge antreffen.

KOHLENSTOFFSTÄHLE

01: Stähle mit einem hohen Kohlenstoffgehalt sind überaus schnitthaltig und halten die Schärfe auch lange, aber sie korrodieren und verfärben sich, wenn sie nicht gut gepflegt werden.

1095: Ein Stahl mit einem hohen Kohlenstoffgehalt (0,95%) aus der Stahlserie 10. Er ist ziemlich zäh, lässt sich leicht schärfen und hält die Schärfe lange, aber er rostet, wenn er nicht gepflegt wird.

VERBUNDSTÄHLE

A-2: Ein zäher Werkzeugstahl, sehr stark, ist sehr schnitthaltig und hält die Schneide lange. Lässt sich recht gut schärfen und ist recht beständig gegen Korrosion. Chris Reeve verwendet diesen Stahl für seine extrem robusten Militärmesser.

D-2: Ein sehr harter und überaus starker Werkzeugstahl. Das Schärfen kann schwierig werden, aber dann hält er die Schneide für extrem lange Zeit. Er hat einen ziemlich hohen Chromanteil und ist daher korrosionsbeständiger als viele andere Verbundstähle, aber er ist nicht rostfrei.

M-2: Ein weiterer zäher Werkzeugstahl, der sehr schnitthaltig ist, der aber nicht so oft verwendet wird wie A-2 oder D-2. Bei mangelnder Pflege rostet er.

Unten: Die Klinge für dieses Messer KA-BAR D2 wurde aus einem Stück Stahl D2 gefertigt. Dieser Stahl ist überaus zäh und bleibt auch bei starkem Gebrauch schnitthaltig, aber er rostet leicht. Darum ist die Klinge mit Ausnahme der Schneide beschichtet.

Oben: Der Stahl 154CM ist ähnlich zusammengesetzt wie ATS-34 und hat gleichartige Qualitäten, so dass er einer der besten Stähle für das Messermachen ist. Die Fa. Spyderco benutzt ihn für mehrere ihrer Messermodelle einschliesslich dieses Modells «Trakker».

Oben: Das Gebrauchsmesser der britischen Streitkräfte gibt es auch aus Edelstahl, es wird von der Fa. J. Adams in Sheffield gefertigt. Für viele Messer werden chirurgische Spezialstähle wie zum Beispiel 440A, 440B, 440C oder ähnliche Sorten wie AUS-6, AUS-8, AUS-10 oder 12C-27 verwendet.

ROSTFREIE EDELSTÄHLE

ATS-34 und 154CM: Hervorragende Klingenstähle mit sehr ähnlichen Zusammensetzungen, beide weisen eine gute Korrosionsbeständigkeit auf, sind schnitthaltig und halten die Schärfe lange. Wenn die Schneide stumpf geworden ist, braucht man aber etwas Geduld und Zeit, um sie wieder zu schärfen. Wird allgemein für einen der besten rostfreien Edelstähle für die Klingenherstellung gehalten.

ATS-55: Ein relativ neuer Stahl, der dieselben Eigenschaften wie ATS-34 hat, der aber kein Molybdän enthält (das dürfte die Qualität der Klingen eigentlich nicht beeinflussen, aber der Stahl dürfte dafür billiger sein), ist überaus schnitthaltig.

Dieses ungewöhnlich aussehende Messer C80 Spyderco wird aus CPM S30V gefertigt. Dabei handelt es sich um einen sehr hochwertigen Messerstahl von der Fa. Crucible Particle Metallurgy, die sich auf Sonderstähle spezialisiert hat.

BG-42: Ein weiterer neuer Stahl für das Messermachen. Ich kenne ihn nicht, aber es heisst, dass er dem ATS-34 ebenbürtig oder sogar noch überlegen ist. Einige bekannte Messermacher beginnen damit, ihn zu verwenden.

CPM 440V und CPM 420V: Das sind zwei neue Stähle, die durch einen CPM genannten Prozess gefertigt werden. Das heisst, dass bei der Herstellung die verwendeten Elemente erst einmal in Pulverform gemischt werden, ehe sie wieder in einen festen Zustand gebracht werden. Klingen aus diesem Stahl gelten als schwer

Ganz oben: Obwohl dieses Messer «Colt Python» eine Klinge aus rostfreiem Edelstahl 440 hat, wurde sie beschichtet. Diese Beschichtung hat aber keine «kosmetischen» Gründe, solche Messer werden oft im militärischen Bereich verwendet und dürfen daher keine Reflexionen verursachen.

Rechts: Diese Messer der Reihe «Impala» von Spyderco – von Ed Scott aus Südafrika – haben Klingen aus VG10, ein sehr hochwertiger Stahl mit einem hohen Gehalt an Molybdän und Kobalt, wodurch er sehr zäh wird.

zu schärfen, aber sie halten die Schärfe sehr gut und sind gegen Korrosion beständig. Die Fa. Spyderco hat mit der Verwendung dieses Materials begonnen.

CPMS30V: Das ist ein nagelneuer CPM-Stahl, der sehr zäh und korrosionsbeständig sein soll. Er wird bereits von Chris Reeve für einige Klappmesser verwendet.

G-2 oder GIN-1: Daraus gefertigte Klingen haben dieselben Eigenschaften wie ATS-34, der Stahl ist gegen Korrosion beständig und lässt sich gut schärfen. Wird von Spyderco für einige Messertypen verwendet.

RWL-34: Eine verbesserte Version von ATS-34, der eine stabilere Schneide bietet und schnitthaltiger ist. Wird in Grossbritannien vom Messermacher Alan Wood verwendet.

440C (auch AUS-10): Edelstahl in chirurgischer Qualität und einer der beliebtesten Stähle für das Messermachen. Die Rostbeständigkeit ist gut, er ist sehr schnitthaltig und leicht zu schärfen. Wurde von der Industrie vor ATS-34 fast ausschliesslich verwendet und ist auch heute noch der Favorit vieler Messermacher.

440A und 440B: Beides sind sehr starke Stähle mit einem hohen Gehalt an Kohlenstoff und Chrom, die Qualität entspricht 440C, ist aber nicht so hart (weniger Kohlenstoff), allerdings sind beide Stähle beständiger gegen Korrosion.

AUS-6, AUS-8, 425-M (modifiziert) und Sandvik 12C-27: Stähle mit hohem Kohlenstoffgehalt, hohem Chromgehalt und guter Korrosionsbeständigkeit, sie lassen sich leicht schärfen und sind schnitthaltig. Ein guter Stahl für alle Aufgaben. Entspricht weitgehend den Stählen 440A und 440B. Wird von der Fa. KA-BAR für einige Messertypen verwendet.

420: Ein Stahl mit durchschnittlichen Eigenschaften mit durchschnittlicher Schnitthaltigkeit, aber er ist hervorragend rostbeständig. Wird manchmal für Tauchermesser und Präsentationsmesser verwendet, kommt aber auch bei einfachen und preiswerten Gebrauchsmessern zur Anwendung.

VG-10: Ein weiterer hochwertiger Stahl, der relativ neu ist. Er hat einen höheren Molybdängehalt als GIN-1 und enthält ausserdem relativ viel Kobalt (ca. 1,4 %) – viel mehr als ATS-55. Diese Elemente machen den Stahl zäher und härter, aber nicht spröde. Wird jetzt bei einigen Modellen von Spyderco verwendet, bei Fällkniven kommt er häufig zur Anwendung.

Für die Messer des Herstellers Nordic werden Klingen aus dem Stahl Sandvik 12C-27 verwendet, bei dem es sich um einen schwedischen rostfreien Edelstahl für chirurgische Zwecke handelt.

DAMASZENERSTÄHLE

Damaszenerstahl (Kohlenstoffstahl): Ein aus zwei Kohlenstoffstählen geschmiedeter Damast. Er wird nicht häufig verwendet, hat aber gute Eigenschaften in Bezug auf die Schnitthaltigkeit uns sieht gut aus. Er ist nicht so korrosionsbeständig wie rostfreier Edelstahl und ist wohl auch ziemlich teuer.

Damaszenerstahl (rostfreier Edelstahl): Die Eigenschaften können abhängig von den beim Schmieden verwendeten Stahlsorten variieren, aber normalerweise hat dieser Stahl eine sehr gute Schnitthaltigkeit, ist korrosionsbeständig uns sieht überaus attraktiv aus, aber er ist viel teurer als normale rostfreie Edelstähle.

San Mai III: Das ist der Handelsname für einen dreischichtigen Stahl japanischer Art («San Mai» heisst nämlich «drei Lagen»). Die Mitte besteht aus einem harten Kohlenstoffstahl für eine gute Schneide, während die äusseren Lagen weniger Kohlenstoff enthalten und dafür eine zähe und flexible Klinge liefern.

Die Keramik-Messer von Böker mit Klingen aus Keramik und Griffen aus Titan; (von links nach rechts) das «Ceramic Clear», «Ceramic Blue» und «Ceramic Delta».

Unten: Die Messer aus der «Titan»-Serie von Böker haben Klingen aus normalem Titan. Dadurch haben diese Klappmesser eine sehr leichte Klinge, die kaum korrodiert und die Farbe nicht ändert. Die Schneide ist fest und dauerhaft.

ANDERE MATERIALIEN (NICHT AUF EISENBASIS)

Keramik: Dieses Material wird für Gebrauchsmesser eigentlich kaum verwendet, es ist aber härter als Stahl und normalerweise sehr schnitthaltig, ausserdem ist es sehr widerstandsfähig.

Kunststoffe: Hier werden eine ganze Reihe von steifen Kunststoffen oder Nylonmaterialien verwendet, die manchmal mit Glasfasern verstärkt werden. Dieses Material wird oft für Werkzeuge mit einer Sägezähnung zum Öffnen von Kartons oder für Messer in einer dolchähnlichen Ausführung zur Selbstverteidigung verwendet.

Stellit: Das ist der Handelsname für eine fast vollständig korrosionsfreie und überaus widerstandsfähige Legierung auf der Grundlage von Kobalt, Chrom und Wolfram. Es wird aber nur selten für Messer verwendet, höchstens für in Handarbeit gefertigte Sonderausführungen und Tauchermesser.

Talonit: Auch das ist eine Legierung auf Kobaltbasis mit Anteilen von Chrom und Molybdän. Es soll sehr zäh sein, extrem widerstandsfähig gegen Korrosion, ist schnitthaltig und glatter als andere Klingenmaterialien. Dabei ist es teuer und selten, aber es wird jetzt von der Firma Camillus für die Messer vom Typ «Talonite Quest» und «Mini Talon» verwendet.

Titan: Ein leichtes und sehr festes Metall, das fast vollständig korrosionsbeständig und antimagnetisch ist. Es hat aber einen schlechten Ruf, weil es nicht schnitthaltig ist, allerdings sind die neuesten Legierungen in dieser Hinsicht besser. Es ist teuer.

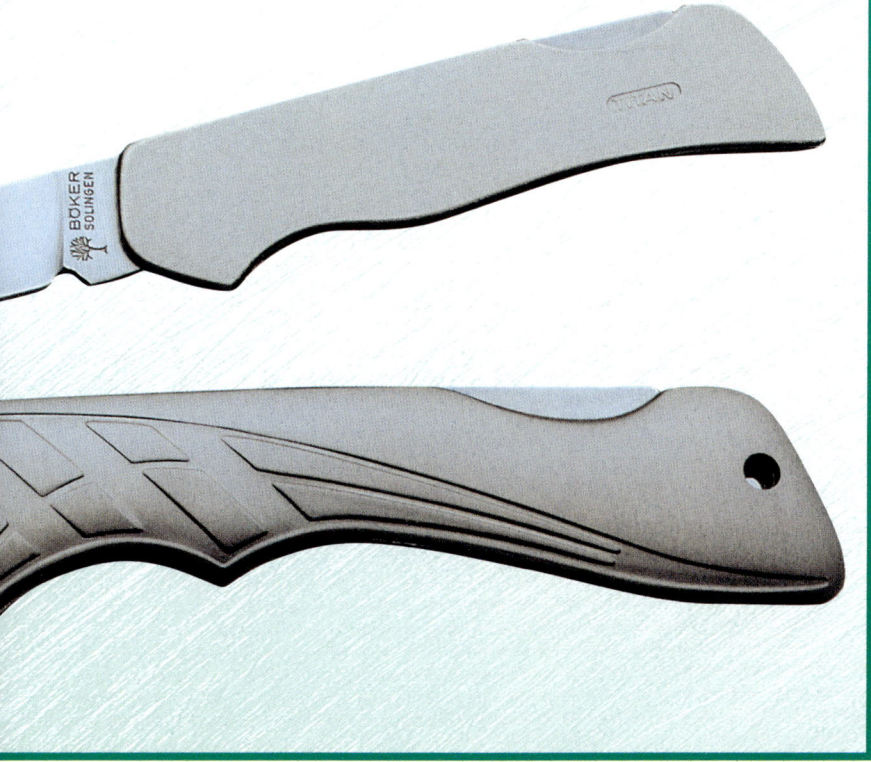

KLAPPMESSER ODER FEST STEHENDE KLINGE?

Einer der wichtigsten Aspekte beim Kauf eines Messers ist die Frage, ob man ein Klappmesser oder ein Messer mit fest stehender Klinge nehmen soll. Die Struktur eines Messers mit fest stehender Klinge ist völlig anders als diejenige eines Klappmessers. Messer mit fest stehender Klinge sind viel kräftiger, denn der Mittelteil des Griffes, die so genannte Angel, ist eine Verlängerung der Klinge. Andererseits kann ein Klappmesser ein ziemlich kompaktes Werkzeug sein, wobei die Klinge nur mit einem Achsstift befestigt ist. Auf dieser Achse wird die Klinge in die geöffnete oder eingeklappte Stellung geschwenkt. Das bedeutet durchaus nicht, dass Klappmesser konstruktionsbedingt schwach sind, sondern es bedeutet, dass man sich bei der Konstruktion mehr Mühe geben muss, um sie so stark wie normale Messer mit fest stehender Klinge zu machen.

Das Hauptmerkmal von Messern mit fest stehender Klinge ist die einfache Konstruktion und Bauweise, die konstruktionsbedingte grosse Festigkeit und die Tatsache, dass man auch grosse Messer ohne Probleme bauen kann. Der Minuspunkt ist derjenige, dass ein solches Messer bei gleicher Klingenlänge gut doppelt so lang ist wie ein eingeklapptes Klappmesser (denn ein Klappmesser wird beim Transport üblicherweise in diesem Zustand getragen). Weil bei einem Messer mit fest stehender Klinge die Schneide immer blank liegt, muss es aus Sicherheitsgründen immer in eine Scheide gesteckt werden, wenn es nicht benutzt wird oder getragen wird.

Der grösste Nachteil von Klappmessern ist die Notwendigkeit, dass sie sehr solide verarbeitet sein müssen, um genauso widerstandsfähig wie ein Messer mit fest stehender Klinge zu sein. Und das bedeutet üblicherweise, dass sie teurer sind. Jedes Klappmesser hat eine irgendwie gearbeitete Sperre, durch welche die Klinge ausgeklappt gehalten wird. Egal wie gut diese Sperre gearbeitet ist, es besteht die Möglichkeit, dass sie unter widrigen Umständen versagt. Natürlich passiert so etwas hauptsächlich aufgrund von Missbrauch oder Nachlässigkeit.

Das trifft besonders bei Messern mit langen Klingen zu, bei denen mehr Hebelkraft auf den Achsstift der Klinge einwirkt. Besonders nachteilig sind Kräfte, die seitlich auf die flache Klinge einwirken. Das ist auch der Grund, warum es bei Klappmessern vernünftigerweise bei der Klingenlänge so etwas wie eine natürliche Längenbeschränkung gibt. Je länger die Klinge ist, desto länger muss auch der Griff sein, in den sie untergebracht wird. Es gibt allerdings einige spanische Messermacher, die an die Grenzen dieser Regel gehen, denn es gibt einige Riesenversionen der traditionellen spanischen Navaja-Messer.

Die beste Eigenschaft eines Klappmessers ist die Tatsache, dass es sich einklappen lässt. Die Klinge kann weggeklappt werden und ist dann sicher aufbewahrt. Dadurch wird die Länge des Messers halbiert, wenn es nicht gebraucht wird, und so lässt es sich viel besser tragen. Aufgrund der handlichen Grösse des Klappmessers kann man es für eine ganze Reihe von Aufgaben einsetzen, auch wenn sich vielleicht manche von diesen mit einem fest stehenden Messer besser erledigen liessen. Insbesondere in unseren dicht besiedelten Städten ist das Klappmesser einfach besser zu führen. Ein normales Klappmesser passt problemlos in jede Hosentasche (deswegen heisst es ja auch Taschenmesser), obwohl viele Eigner es auch gern in einer kleinen Tasche am Gürtel tragen oder mit einem Federclip an den Gürtel stecken. Auch Ösen und Fangschnüre sind dafür üblich.

Trotz ihrer offensichtlich vorhandenen Nachteile sind Klappmesser also immer noch überaus beliebt, weil sie sich gut führen lassen, vielseitig verwendbar sind und meist keine Probleme mit den Waffengesetzen verursachen. Messer mit fest stehenden Klingen dagegen sind besonders fest, widerstandsfähig und können für bestimmte Zwecke mit sehr grossen Klingen ausgestattet werden.

Messer mit fest stehender Klinge

Das Messer mit fest stehender Klinge

Auf dieser Übersicht zeigen wir Ihnen die verschiedenen Einzelteile eines Messers mit fest stehender Klinge. Diese Zeichnung basiert auf einer Reihe von konstruktiven Merkmalen von verschiedenen Messern, die eigentlich nie alle an einem einzelnen Messer vorkommen.

A Der hintere Abschluss des Griffes, der meist aus Metall besteht, wird normalerweise Knauf genannt, sofern er aus Vollmaterial besteht. Die hohle Ausführung kann auch Kappe heissen. Es gibt aber durchaus Messer ohne dieses Teil.

B Nieten, Stifte oder Schrauben halten den Griff an der Angel des Messers.

C Der Griff kann einteilig ausgeführt sein oder aus zwei aufgesetzten Griffschalen bestehen.

D Fingerauflage oder Fingerrille, die manchmal fälschlicherweise auch Daumenauflage (siehe dort) genannt wird. Am Griff können sich bis zu vier Fingerrillen befinden, oder es können gar keine vorhanden sein.

E Die Parierstange – ein Metallteil, das Griff und Klinge trennt. Die Parierstange kann gerade oder gebogen sein, und sie kann auf einer Seite oder auf beiden Seiten hervorstehen.

F Die Daumenauflage ist ein Einschnitt in der Klinge, der bei einem Messer mit fest tehender Klinge gross genug ist, um einen Finger zur Führung der Klinge aufzunehmen. Bei Klappmessern dagegen ist sie oft nur angedeutet.

G. Die Schneide. Sie wird durch das winklige Anschleifen der beiden Seiten der Klinge gebildet, so dass die Stärke des Metalls allmählich reduziert wird, dann wird meist ein zweiter Winkel angeschliffen, der die Klinge endgültig scharf macht.

H Die Abrundung ist der Teil der Klinge zwischen dem untersten Teil der Schneide und der Spitze.

I Die Spitze der Klinge, hier kommen Rücken und Schneide zusammen.

J Die falsche Schneide – das ist der durchgebogene Teil oberhalb der Spitze an manchen Klingen. Er kann ungeschärft oder geschärft sein.

K Die Hohlkehle ist eine lang gezogene Nut auf dem flachen Bereich der Klinge. Dieses Merkmal kommt an Schwertern recht häufig vor, aber man findet es auch an einigen modernen Messern. Es ist auch als «Blutrinne» bekannt, aber der eigentliche Zweck ist das Leichtermachen der Klinge durch Entfernen von Metall.

L Der Rücken ist die ungeschärfte Oberseite der Klinge.

M Die Schulter bezeichnet den Übergang vom Klingenrücken zur Angel.

N Die Klingenwurzel bezeichnet den flachen Bereich am Übergang von der Schneide der Klinge zur Angel.

O Der Knebel ist ein Metallteil zur Verstärkung des Griffes im unteren Teil des Griffes vor der Klinge.

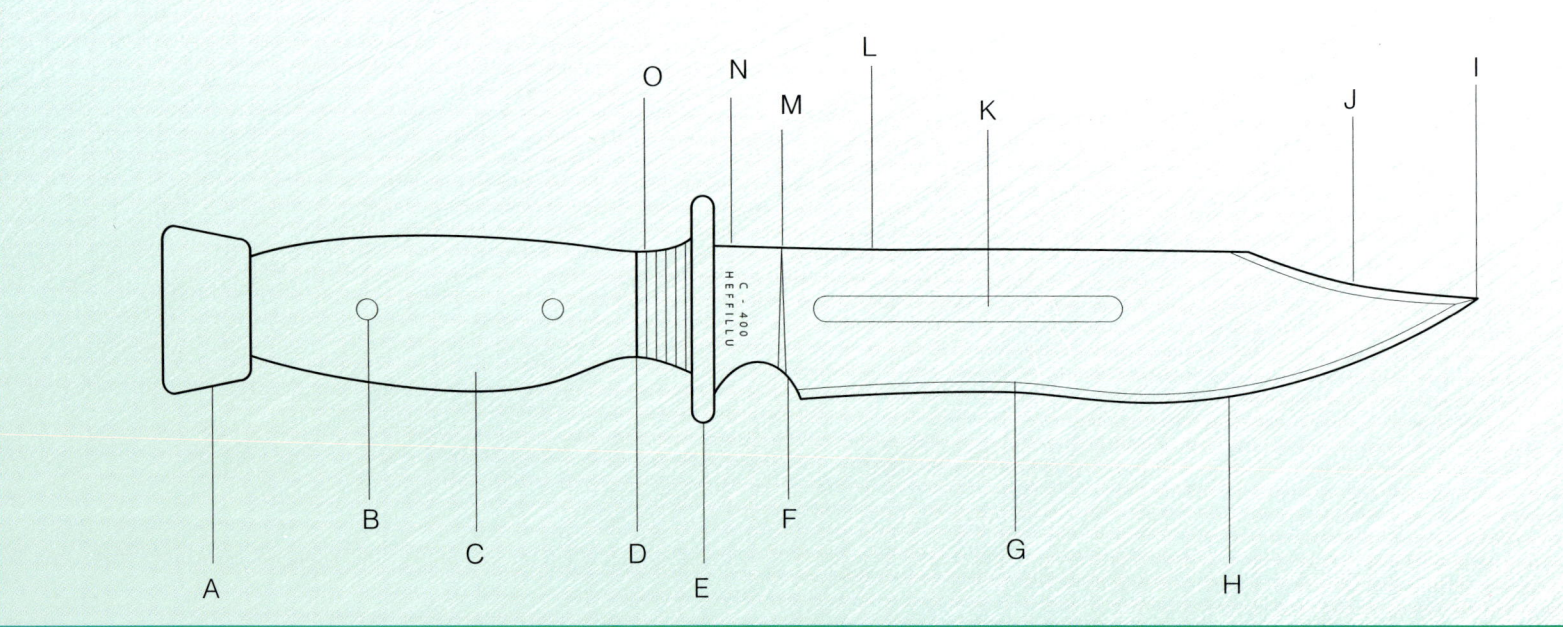

Dieses Kapitel soll als allgemeiner Leitfaden für Messer mit fest stehender Klinge dienen, es soll ihre konstruktiven Eigenheiten beschreiben und ihre spezifischen Einsatzbereiche. Es gibt zwischen den einzelnen Typen und Namen eine ganze Reihe von Überschneidungen, selbst Hersteller sind sich da nicht immer einig, denn manchmal haben identische Messertypen unterschiedliche Bezeichnungen. Was für den einen eine Klinge mit durchgebogener Spitze ist, ist für den anderen ein ganz normales Gebrauchsmesser – aber im Endeffekt ist es nur die Eignung für bestimmte Aufgaben, die wirklich zählt.

Wenn ein Messer nicht ausdrücklich die Bezeichnung Abhäutemesser trägt, dann heisst das noch lange nicht, dass man damit nicht auch ein Stück Wild aus der Decke schlagen kann. Natürlich kann man aber so ein Abhäutemesser auch für viele andere Aufgaben verwenden. Wenn man sich aber im Klaren darüber ist, wofür man ein Messer hauptsächlich verwenden will, dann können die nachfolgend aufgeführten Informationen bei der richtigen Auswahl der Klinge behilflich sein.

Die zwei Hauptaufgaben für Messer sind Schneiden und Stechen. Mit der Klinge wird geschnitten, die Spitze ist zum Stechen und Durchbohren da. Aber ein Messer kann noch viel mehr.

Das Schneiden lässt sich in die Bereiche «feines Schneiden» (Schneiden von Lebensmitteln und deren Zubereitung, Schnetzeln usw.), «allgemeines Schneiden» (Schneiden von Tauwerk, Enthäuten, Zerlegen von Wild usw.) und «grobes Schneiden» (Hacken von harten Materialien, Freihacken von Buschwerk, Zerlegen von Grosswild usw.) einteilen.

Links: Grosses Bowiemesser im traditionellen Stil mit einer 240 mm langen Bowie-Klinge (Gesamtlänge 470 mm, Gewicht 645 Gramm), von Mick Wardell handgefertigt.

Unten: Sieben Messer mit fest stehenden Klingen, es sind Jagdmesser bzw. Abhäutemesser von Mick Wardell. Alle Messer haben eine volle Angel und verschieden ausgeführte Holzgriffe. Sie sind alle ohne Parierstangen, Knebel oder Knäufe gefertigt.

Es gibt Dutzende von weiteren Einsatzbereichen, und viele dieser Bereiche überschneiden sich. Wenn aber die geplante Verwendung Ihres zukünftigen Messers in eine dieser Kategorien fällt, dann können Sie bei der Auswahl der Klinge gezielter vorgehen.
Abgesehen von der Verwendung als Waffe wird die Fähigkeit eines Messers zum Stechen und Bohren eigentlich recht selten genutzt, einmal abgesehen vom Abhäuten eines Stück Wildes oder dessen Zerlegung. Manchmal muss man aber auch ein Loch in härteres oder weicheres Material bohren wie zum Beispiel Leder oder Segeltuch. Daran sollte man denken, wenn man sich ein Messer aussucht.

ZWEITEILIGE HARMONIE

Die meisten fest stehenden Messer bestehen aus nur zwei Teilen, nämlich der Klinge und dem Griff. Wenn Sie aber einmal einen Messerkatalog durchblättern und sich in einem Geschäft für Feldausrüstungen umschauen, dann sehen Sie hunderte von verschiedenen Messern, grosse und kleine, Allzweckmesser oder Spezialmesser, seriengefertigte oder handgemachte … Diese Liste ist so gut wie endlos, und alle diese Messer basieren auf dem Konzept der Zweiteiligkeit. Es gibt mehr als ein Dutzend verschiedener Klingentypen – abhängig von der vorgesehenen Verwendung – und es gibt unzählige verschiedene Materialien für die Fertigung des Griffes. Zusätzlich kann das Messer noch mit einer Parierstange oder einem Stichblatt versehen sein, es kann einen Knauf oder einen Knebel haben oder eine Kombination aller dieser Komponenten aufweisen. Aber der Hauptvorteil liegt in jedem Fall in der zweiteiligen Struktur.

DIE ANGEL

Wenn die meisten Leute von der Klinge des Messers sprechen, dann meinen sie nur denjenigen Teil davon, der aus dem Griff herausragt, und das sollte eigentlich auch genügen. Die Klinge hat aber noch ein anderes Ende, nämlich die Angel, und die ist genauso wichtig. Der Begriff Angel bezeichnet denjenigen Bereich der Klinge, der in den Griff hineinragt und als innerer Rahmen fungiert, indem er die beiden Hauptteile des Messers zusammenhält. Es gibt vier Arten von Angeln: die volle Angel, die halbe Angel, den Dorn und den Schiebedorn.
Ich verstehe unter einer vollen Angel den flachen, ungeschärften Teil der Klinge, die die Form des Griffes bildet, darauf werden dann auf beiden Seiten die Griffschalen befestigt

MESSER MIT FEST STEHENDER KLINGE

Linke Seite: Dieses Jagdmesser wurde in Handarbeit von Graham Holbrook gefertigt, es hat eine hervorragend verarbeitete Klinge aus Stahl 12C-27, einen Griff aus Leder und Hirschhorn sowie Parierstange und Knauf aus Messing.

Dieses moderne handgefertigte Messer hat eine volle Angel in der traditionellen «Sargform». Diese Form der Angel ist typisch für Bowie-Messer aus dem 19. Jahrhundert aus den USA und Grossbritannien, besonders von Herstellern aus San Francisco und Sheffield.

(normalerweise mit Nieten) und in manchen Fällen werden dann noch ein Knauf und/oder ein Knebel am Griff angebracht. Es ist die kräftigste Ausführung eines Messers, denn selbst wenn die Griffschalen beschädigt oder zerstört werden, dann bleibt der Stahlteil am Griff intakt. Einige industrielle Messermacher bezeichnen aber auch jede Art der metallischen Verlängerung der Klinge von der Klingenwurzel bis zum Ende des Griffes als volle Angel, egal welche Form sie hat. Die korrekte Bezeichnung für solche Messer kann diesem Kapitel entnommen werden, aber es handelt sich hier nicht um volle Angeln. Wenn Sie also ein Messer mit einer wirklich vollen Angel wollen, dann sehen Sie sich das Griffende genau an. Wenn Sie hier Metall zwischen den beiden Griffschalen auf der vollen Länge und Breite des Griffes sehen, dann haben Sie ein Messer mit einer vollen Angel. Die halbe Angel ist genau das, was das Wort sagt – eine halbe Angel. Der Griff folgt dieser Angel auf seiner halben Länge, aber normalerweise gibt es hier keine zwei Griffschalen, sondern der einteilige Griff ist mit einem Schlitz aufgesteckt. Der Griff wird über die Angel geschoben und wird dann wie bei der vollen Angel verstiftet oder vernietet.

Der Dorn ist eine Form der Angel, die schmal, gerade oder konisch ausgeführt ist, ihr Querschnitt kann rund, quadratisch oder rechteckig sein, und sie geht von der Klinge durch den Griff bis zum Griffende. An seinem Ende ist der runde Dorn normalerweise mit einem Gewinde versehen, der einteilige Griff wird hier am Ende mit einer Mutter verschraubt. Falls der Dorn quadratisch oder rechteckig ist, dann kann er eine Bohrung mit einem Gewinde aufnehmen, und der Griff wird hier mit einer Schraube befestigt.

Der Dorn ist eine der beliebtesten Arten zur Befestigung des Griffes und wird auch für sehr gute Messer verwendet, dazu gehören viele erstklassige Kochmesser und eini-

Eine Auswahl norwegischer Klingen vom Hersteller Brusletto, hier werden verschiedene Ausführungen der Angel gezeigt (von links nach rechts): Schiebedorn mit Warze, halbe Angel, Schiebedorn mit Bohrung, abgerundeter Dorn, konischer Dorn, eckiger Dorn, konischer Dorn, wellenförmiger Dorn, halbe Angel, verdeckter Schiebedorn.

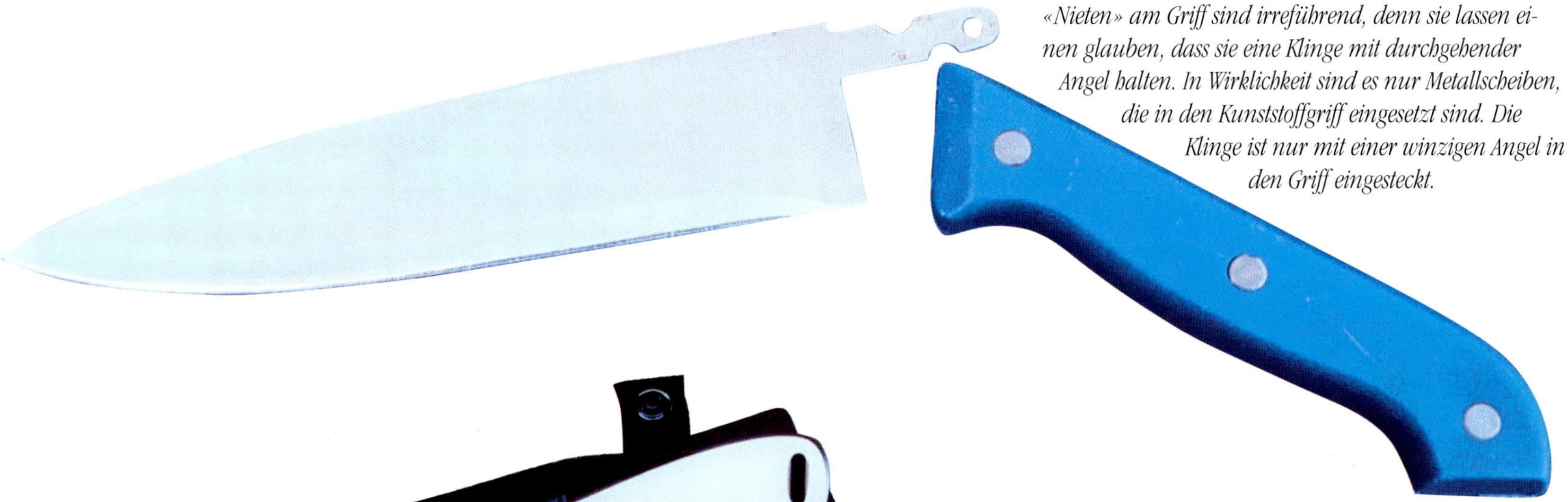

Ein Beispiel für ein schlecht verarbeitetes Messer. Die drei «Nieten» am Griff sind irreführend, denn sie lassen einen glauben, dass sie eine Klinge mit durchgehender Angel halten. In Wirklichkeit sind es nur Metallscheiben, die in den Kunststoffgriff eingesetzt sind. Die Klinge ist nur mit einer winzigen Angel in den Griff eingesteckt.

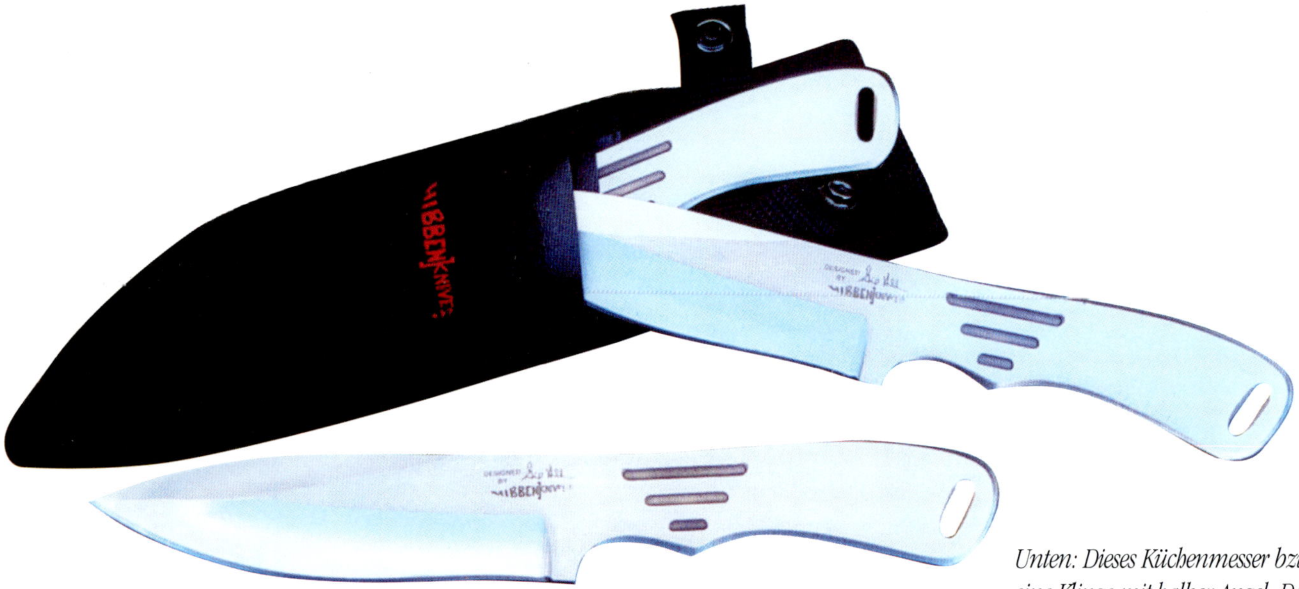

Das Konzept der «nackten Angel», bei dem die Angel gleichzeitig als Griff fungiert, ohne dass noch Griffschalen aufgesetzt sind. Diese Ausführung wird oft für Wurfmesser verwendet, so wie die hier gezeigten drei Wurfmesser von Gil Hibben.

Unten: Dieses Küchenmesser bzw. Brotmesser ist ein gutes Beispiel für eine Klinge mit halber Angel. Der einteilige Holzgriff wird mit einem Schlitz auf die Angel gesteckt und wird von zwei Messingnieten gehalten.

ge Handarbeitsmesser. Diese Konstruktion ist robust, aber im Gegensatz zu anderen Angelfomen ist sie auch ein wenig von der Stärke des für den Griff verwendeten Materials abhängig. Der Schiebedorn ist ein flacher Streifen aus Stahl, der sich hinten an der Klinge befindet und auf den der Griff aufgeschoben wird. Manchmal ist er mit einer oder zwei Bohrungen versehen, durch die Nieten geführt werden, andere Exemplare haben Nuten oder Warzen, die in Aussparungen im Griff greifen und ihn so halten. Der letztgenannte Typ findet sich oft an modernen Messern mit schlanken Stahlklingen und gespritzten Griffen aus Kunststoff. Diese Angeln können eine beliebige Länge aufweisen, aber wenn sie weniger als halb so lang wie der Griff sind, dann werden sie manchmal auch als Teilangel oder versteckte Angel bezeichnet. Der Schiebedorn findet sich hauptsächlich an preiswerten gestanzten Klingen, und da es offensichtlich die billigste Art zur Anbringung des Griffes ist, eignet sich dieses Verfahren besonders bei Messern, die nicht für besonders schwere Aufgaben vorgesehen sind.

Abgesehen von diesen vier Hauptausführungen der Angel gibt es noch eine weitere Konstruktionsart, die immer beliebter wird, es ist die Skelettangel oder «nackte» Angel. Bei dieser Ausführung gibt es keine Griffschalen und keinen Griff, denn die Angel selbst bildet ihn. Manche dieser Angeln sind aus Vollmaterial, andere sind als Hohlrahmen ausgeführt. Der Benutzer kann das Messer so verwenden, wie es geliefert wurde, oder er kann die Angel mit einer Kordel oder anderem Material umwickeln und sich so seinen Griff selber gestalten.

Abgesehen von der letztgenannten Ausführung ist die Angel im Griff verborgen. Bei vielen Messern sieht man aber einen kleinen ungeschärften Bereich zwischen der Angel und der Schneide. Dieser Bereich wird die Klingenwurzel genannt, sie ist oft mit Informationen über den Hersteller, das Herstellungsland und die Art des verwendeten Stahles bestempelt. Der Seitenbereich der Klingenwurzel wird als Schulter bezeichnet, er geht bis zu dem Bereich der Klinge, der die Schneide bildet.

DIE FORM IST WICHTIG

Bei der Beschaffung eines Messers ist eine der wichtigsten Entscheidungen diejenige, welche Art von Klinge benötigt wird. Das hängt natürlich in erster Linie vom geplanten Einsatzgebiet des Messers ab, in dem es regelmässig benutzt werden soll, aber es gibt ein paar Klingen, die auch für mehrere Zwecke geeignet sind. Tatsächlich gibt es bei fest stehenden Messern nur ungefähr ein Dutzend Klingenformen, die praktisch zu gebrauchen sind, aber von jeder gibt es wieder ein Dutzend Varianten, und jeder Hersteller hat seine

Manche Messer haben nur eine unbedeckte, rahmenförmige Angel, so dass ein so genannter Skelettgriff entsteht. Man kann ihn lassen wie er ist oder selber umwickeln. Das hier gezeigte Modell ist ein Tanto «Stiff KISS» von CRKT, den Griff hat der Autor selbst mit einer Nylonkordel umwickelt.

Formen von fest stehenden Klingen

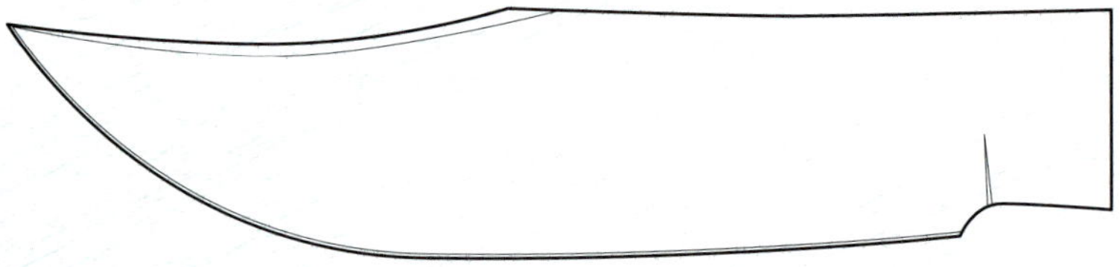

Durchgebogene Spitze, so genannte Bowiespitze

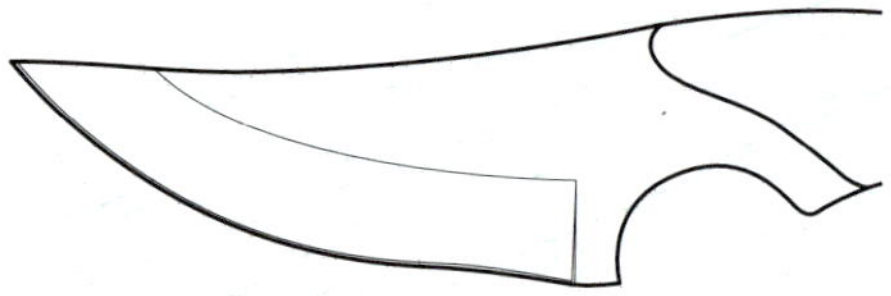

Abgebogene Spitze

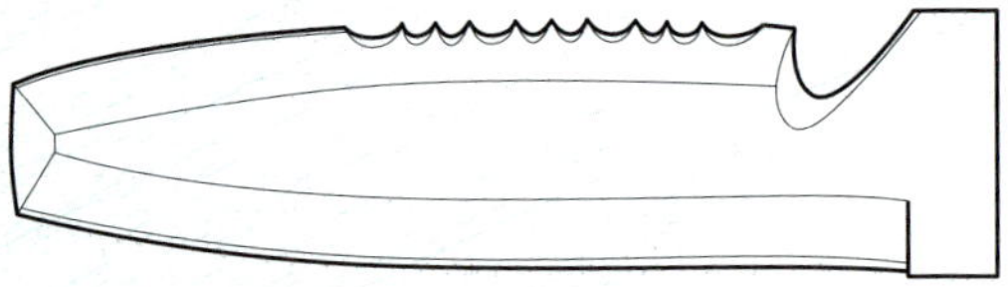

Stumpfe Spitze (Tauchermesser)

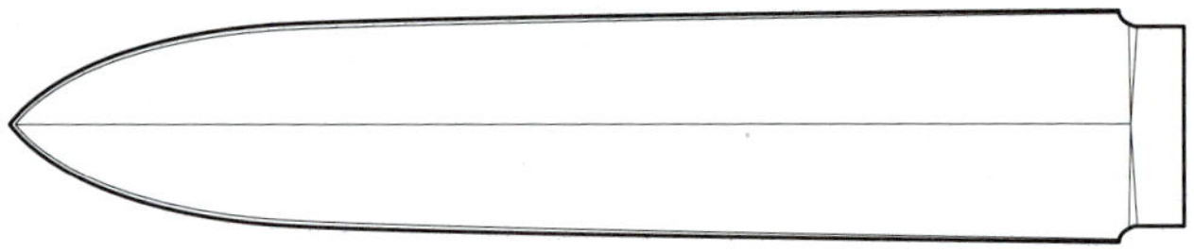

Lanzenspitze

Mittelspitze

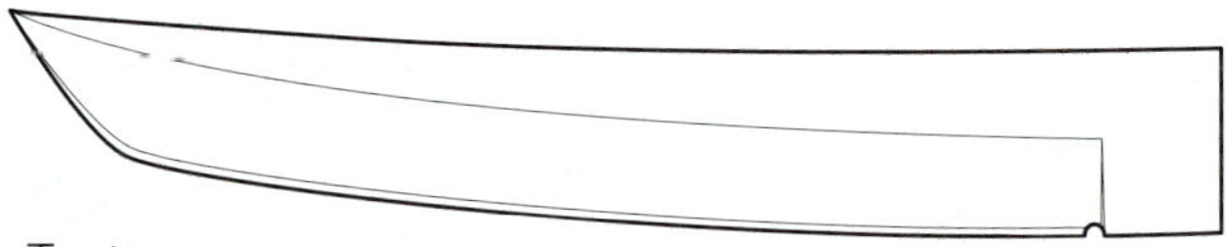

Tanto

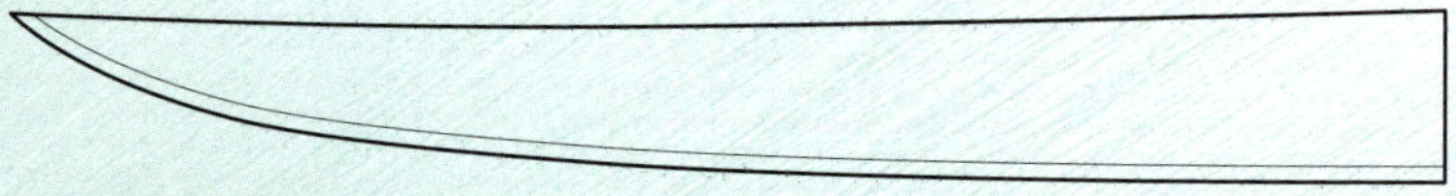

Filetiermesser

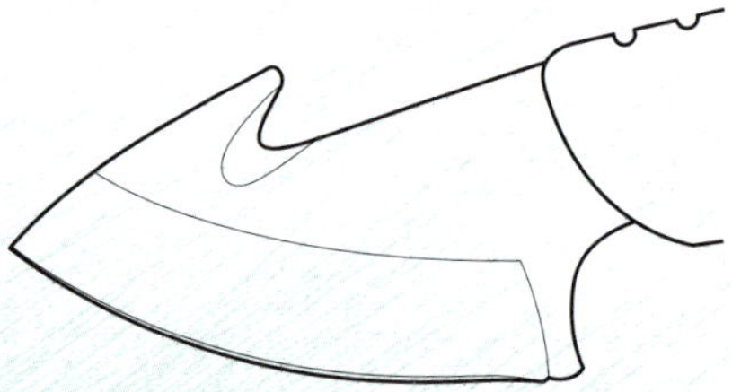

Aufbrechhaken/Abhäutemesser Typ Ulu

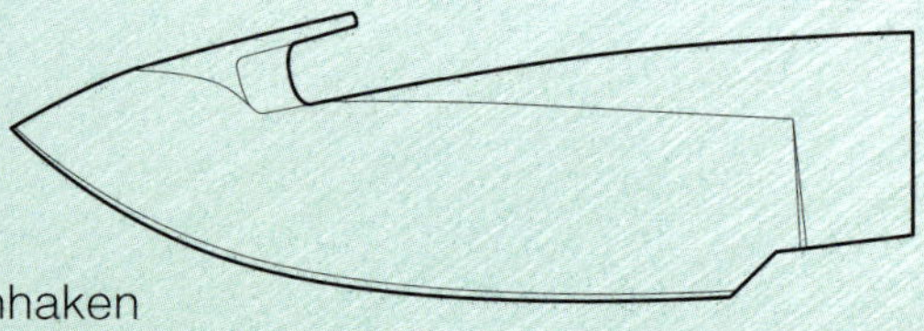

Aufbrechhaken

Gebrauchsmesser

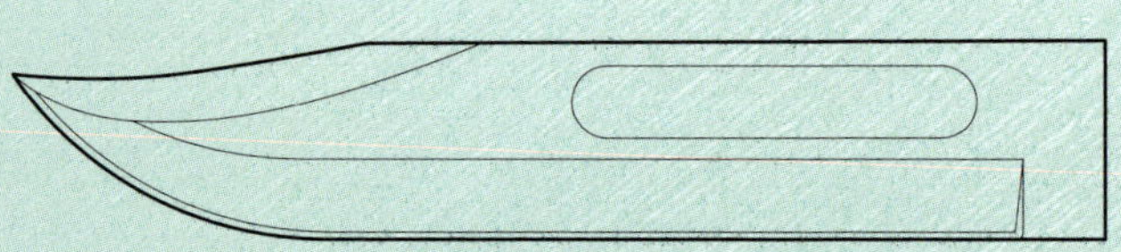

Durchgebogene Spitze Typ KA-BAR

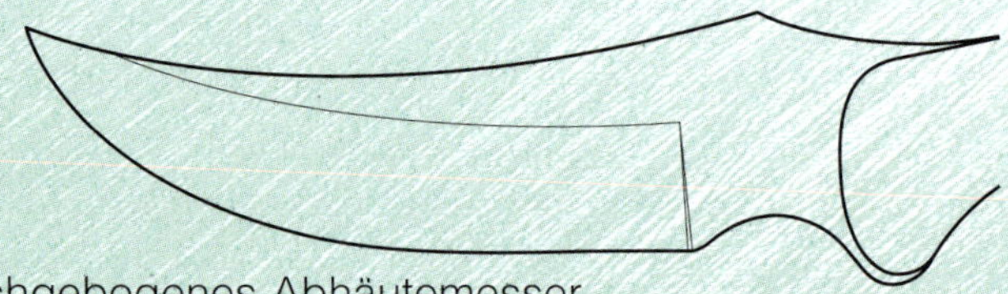

Hochgebogenes Abhäutemesser

eigenen Vorstellungen und macht sie etwas anders. Hier sind nun die Haupttypen, die man normalerweise antrifft:

STUMPFE SPITZE

Das ist eine spezielle Form der Spitze, die nicht mit der Tanto-Spitze verwechselt werden darf, die besonders an amerikanischen Tanto-Messern (siehe dort) vorkommt. Die stumpfe Spitze ist, wie der Name schon sagt, eigentlich überhaupt keine Spitze, sondern sie ist ein gerader Klingenabschluss und ist oftmals im eigentlichen Spitzenbereich nicht einmal geschärft. Ihr besonderer Einsatzzweck ist im Gegensatz zu fast allen anderen Messertypen das Sondieren, Stochern und Hebeln. Aus diesem Grund findet sich diese Spitzenform auch nur an Messern, die für Taucher, Bergsteiger oder Angehörige von Rettungsdiensten konzipiert sind.

DURCHGEBOGENE SPITZE

Diese klassische Spitzenform findet sich am Bowiemesser. Deswegen wird sie bei Messern mit fest stehender Klinge auch oft einfach als «Bowieklinge» bezeichnet. Es ist eine alte Form, die aber immer noch überaus beliebt ist und gern für ein Allzweckmesser verwendet wird. Normalerweise ist diese Spitze nur im unteren Bereich geschärft, sie endet in einem geschwungenen Bogen in der eigentlichen Spitze und hat so einen grossen Schneidenbereich, mit dem kräftige Schnitte ausgeführt werden können. Der Rücken der Klinge hat einen flachen, konkaven Ausschnitt zur Spitze hin, und das ist genau der durchgebogene Bereich. Dadurch liegt die Spitze des Messers tiefer als die verlängerte Rückenlinie und lässt sich deswegen sehr spitz ausführen. Es gibt aber auch Varianten, bei denen die eigentliche Spitze über der verlängerten Rückenlinie liegt. Diese Varianten sehen dann fast schon aus wie ein Abhäutemesser (siehe dort). Die tiefer liegende Spitze lässt sich ausserdem besser kontrollieren, wenn das Messer zum Abhäuten oder für andere feinere Arbeiten verwendet wird. Die durchgebogene Spitze kann mit einer Fehlschärfe versehen sein, aber normalerweise ist dieser Teil der Klinge nur durchgebogen und nicht geschärft. Eine der berühmtesten modernen Ausführungen dieser Spitzenform findet sich am Militärmesser KA-BAR, aber es gibt noch Dutzende anderer Varianten dieser Form.

MITTELSPITZE

Die Mittelspitze ist ohne Zweifel eine der beliebtesten Klingenformen und ganz sicher auch die am vielseitigsten verwendbare. Man kann damit eine Vielzahl von Arbeiten aus-

Handgearbeitetes Bowie-Messer mit der für diese Messerart typischen Klinge. Das Messer stammt von dem irischen Messermacher Rory Conner. Beachten Sie die einseitige Parierstange.

Oben: Das Messer KA-BAR in Standardausführung mit Griff aus Lederscheiben, einer Parierstange aus Metall und der charakteristischen Klinge mit Hohlkehlen und einer abgebogenen Spitze.

Unten: Diese Klingenform mit abgebogener Spitze wird von vielen als die ideale Form für ein Vielzweck-Jagdmesser angesehen. Das Messer stammt von Bill Moran und ist eines der wenigen fest stehenden Messer vom Hersteller Spyderco.

führen, angefangen mit dem Zerlegen eines Wildkörpers bis zum allgemeinen Schneiden von Scheiben und Zerschneiden. Die Mittelspitze weist eine flache Kurve auf, die vom Klingenrücken bis zur Spitze geht, dort trifft der ungeschärfte Rücken auch die Schneide, die in einer kräftiger ausgeführten Biegung nach oben zur Spitze hin geht. Das Ergebnis ist eine Spitze, die etwas unterhalb der verlängerten Rückenlinie und oberhalb der Mittellinie der Klinge liegt. Diese Klinge lässt sich gut kontrollieren, und beim Abhäuten ist die Gefahr der Verletzung der darunter liegenden Gewebeschichten gering. Auch zum Ausnehmen ist das Messer aufgrund seiner Form gut geeignet. Gleichzeitig ist der Schneidenbereich aber gross genug, um auch kräftigere Schneidearbeiten damit durchführen zu können. Aufgrund dieser Eigenschaften ist ein Messer mit einer Klinge mit Mittelspitze eines der praktischsten Messer für alle anfallenden Arbeiten, und aufgrund

MESSER MIT FEST STEHENDER KLINGE

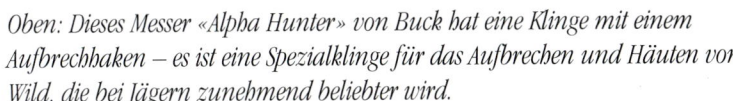

Oben: Dieses Messer «Alpha Hunter» von Buck hat eine Klinge mit einem Aufbrechhaken – es ist eine Spezialklinge für das Aufbrechen und Häuten von Wild, die bei Jägern zunehmend beliebter wird.

Links: Filetiermesser von Outdoor Edge mit aufgeschwungener Klinge und Sägezahnung. Ungewöhnlich sind die T-förmigen Griffe.

seiner einfachen Linienführung lässt es sich auch gut schärfen. Die hier beschriebene Klingenform ist die Lieblingsklinge des weltberühmten Messermachers Bob Loveless, aber es gibt natürlich auch noch andere Abarten dieser Form mit einer längeren Klinge und flacheren und stärker ausgeführten Biegungen von Rücken und Schneide. Solche Messer sehen dann recht schlank aus und haben eine sehr deutlich geformte Spitze.

FILETIERMESSER

Das ist ein Spezialmesser, aber ich habe es hier mit aufgenommen, weil dieser Typ viel verkauft wird und er überall auf der Welt eingesetzt wird. Die Klinge des Filetiermessers ist lang und schlank, sie hat eine extrem scharfe Schneide, die in einer dünnen Spitze ausläuft, wobei die Spitze oft etwas nach oben geschwungen ist. Besonders wichtig ist aber, dass die Klinge sehr flexibel ist. Das Messer wird zum Ausnehmen, Reinigen und Filetieren von Fisch verwendet, und dabei muss die Klinge den natürlichen Linien des Fischkörpers folgen können und daher flexibel sein. Viele Fischer verwenden diesen Messertyp auch für allgemeine Schneidearbeiten an Bord, aber für wirklich harte Schneidearbeiten ist die Klinge nicht fest genug.

AUFREISSKLINGE

Das ist eine weitere Spezialklinge, die hauptsächlich für den Jäger vorgesehen ist. Sie wird für das Abhäuten und Ausweiden verwendet und für das grobe Zerlegen des Wildkörpers. Die Klinge lässt sich am besten als eine Art von durchgebogener Spitze beschreiben, aber sie hat an der Oberseite noch einen grossen, scharfen Haken in V- oder U-Form. Dadurch bekommt sie die charakteristische Hakenform. Bei ihrer Anwendung wird zuerst ein kleiner Schnitt in die Haut des Wildes gemacht, dann wird die Klinge umgedreht (Rücken nach unten) und der Haken wird in den Schnitt eingeführt und vorsichtig vorgezogen. Dadurch wird die Haut aufgeschnitten, ohne dass die Gefahr der Beschädigung der Därme mit der damit verbundenen Kontaminierung des Wildbrets mit Darminhalt besteht.

Der kurze Klingenrücken einer Aufreissklinge ist normalerweise breiter und flacher als bei einem normalen Messerrücken, um beim Schneiden eine gute Führung geben zu können – man legt ihn einfach auf die erste Lage des eigentlichen Fleisches auf und schützt damit das Wildbret vor Beschädigung, während man die Decke (das Fell) aufschneidet.

ABHÄUTEMESSER (CAPER)

Diese Form der Klinge wurde ursprünglich für besonders kniffliges Schneiden entwickelt, so zum Beispiel das Enthäuten im Halsbereich zum Abnehmen einer Trophäe. Mittlerweile ist die Klingenform kürzer und dicker geworden. Für viele Schalenwildjäger ist es mittlerweile das beliebteste Jagdmesser geworden. Stellen Sie sich einfach eine verkürzte und dadurch recht kompakte Klinge mit einer kurzen, aufgebogenen Mittelspitze vor, so ungefähr sieht dieses Messer aus. Lassen Sie sich von dem kompakten Erscheinungsbild der Klinge nicht täuschen, wenn es richtig angewendet wird, dann kann man mit diesem Messer auch ziemlich grosse Stücke Wild aus der Decke schlagen. Die Firma Columbia River Knife & Tool (CRKT) stellt eine Variante dieses Messertyps her, der «Cobuk-Skinner» genannt wird. Er wurde von dem Messermacher und Jäger Russ Kommer aus Alaska entwickelt, und man kann damit Wild bis zur Grösse eines Rentieres abhäuten («cobuk» ist das Eskimowort für Rentier).

ABHÄUTEMESSER (RADIKALE FORM)

Dieses Messer zum Abhäuten hat eine sehr betont nach oben gebogene Spitze (siehe Abb.). Von dieser Art des Messers gibt es viele Varianten, manche haben sogar einen seitlich versetzten Griff, damit man noch besser Schnitte damit ausführen kann. Die Spitze ist oftmals nadelspitz (manchmal ist sogar noch eine Fehlschärfe oben am Rücken angebracht), aber aufgrund der nach oben gebogenen Spitze ist dieses Messer für andere praktische Zwecke nicht so gut zu gebrauchen. Manche Klingen haben auch Fingerlöcher oder gefräste Fingerauflagen auf dem Rücken, damit man sie bei besonders feinen Arbeiten ganz genau führen kann. Ich habe einmal in einem meiner Artikel milde Kritik an einem dieser Messer (dem Wild Cat von Frost) geübt, weil diese Klinge aufgrund ihrer radikalen Form und der Form des Griffes den Anwender zwingt, das Messer auf eine ganz bestimmte Art zu halten. Ich war der Meinung, dass das beim Ausnehmen und Abhäuten eines Kaninchens nicht die ideale Haltung sein könnte. Daraufhin bekam ich einen Leserbrief von einem Grosswildjäger, der mir klar und bestimmt erklärte, dass sein «Wild Cat» eines der besten Messer wäre, das er jemals zum Abhäuten eines Eisbären verwendet hät-

Rechts: Das Messer «Alaska Carcajou Hunter» von CRKT ist ein Allzweckmesser mit einer Mehrzweckklinge, die sowohl für Jagd als auch Fischfang geeignet ist. Es wurde von dem Jäger und Pfadfinder Russ Kommer aus Alaska entwickelt.

Dieses von Russ Kommer entwickelte Messer «Cobuk» wird ebenfalls von der Firma Columbia River Knife gefertigt, es hat aber eine breitere Klinge, mit der man grössere Wildstücke wie Rentiere oder Elche besser abhäuten kann. Früher waren Abhäutemesser relativ schlank ausgeführt, aber jetzt werden die Ausführungen mit kurzen, breiten Klingen immer beliebter.

MESSER MIT FEST STEHENDER KLINGE

Dieses zweischneidige Wurfmesser von Gil Hibben hat eine klar ausgeführte Lanzenspitze, die durch einen in der Klingenmitte angebrachten Grat verstärkt wurde.

te! Ich bin aber nach wie vor der Meinung, dass ein für Eisbären gut geeignetes Messer für Kaninchen nicht so gut geeignet ist, und ausserdem gibt es in unserem Teil Europas nicht so viele Eisbären. Hier ging es also ganz klar um das falsche Messer für eine bestimmte Aufgabe.

ABHÄUTEMESSER (AUFGEBOGENE SPITZE)

Diese Klingenform fällt zwischen das Abhäutemesser mit radikal geformter Klinge (siehe oben) und der abgebogenen Klingenspitze (siehe unten). Sie hat eine lange, aufgeschwungene Schneide, die in einer Spitze endet, die über der Rückenlinie liegt, wobei der Rücken selbst eine ganz leicht konkave Form hat. Der Grund für diese Formgebung ist das Erzielen einer langen Schneide mit einer Spitze, die so hoch angesetzt ist, dass sie

Unten: Das «Wild Cat» von Frost ist ein Abhäutemesser in radikaler Ausführung. Es ist so konstruiert, dass es nur auf eine bestimmte Weise gehalten werden kann. Trotz seiner eingeschränkten Anwendungsweise hat es Liebhaber.

41

beim Enthäuten nicht im Weg ist und man daher sicher arbeiten kann. Im Bereich der Spitze kann der Rücken entweder abgeschrägt oder flach sein. Das Problem bei dieser Klingenform liegt darin, dass sie aufgrund der aufgebogenen Spitze ziemlich schwierig anzuwenden ist – und man kann sie nur auf eine einzige Art anwenden. Andererseits kenne ich Leute, die diese Klingenform geradezu lieben – es ist eben eine dieser Konzeptionen, die man entweder hasst oder liebt. Obwohl man diese Klinge auch als Mehrzweckmesser verwenden könnte, ist sie nicht so vielseitig anwendbar wie ein echtes Mehrzweckmesser oder ein Messer mit abgebogener Spitze. Diese beiden Messertypen haben auch viele der besten Eigenschaften des Abhäutemessers mit aufgebogener Spitze, und sie tun genauso ihre Pflicht.

LANZENSPITZE

Diese Klingenform mit ihrer scharfen Spitze und der symmetrischen Form wird hauptsächlich für militärische Messer oder Messer zur Selbstverteidigung verwendet. Der Mittelgrat verläuft genau auf der Mittellinie der Klinge, und beide Seiten sind normalerweise mit einer Schneide versehen, die von der Wurzel (oder der Parierstange, wenn keine Klingenwurzel vorhanden ist) bis zur Spitze geht. Das Konzept stammt wahrscheinlich schon aus der Steinzeit, und mit so einer Klinge kann man sehr gut stechen, wobei der Stich aus verschiedenen Richtungen von oben, von unten oder gerade nach vorn ausgeführt werden kann. Nach dem Setzen des Stiches kann man damit auch keinen Schnitt ausführen. Die Lanzenspitze kann zwar auch noch für andere Aufgaben als für den Kampf verwendet werden, aber für allgemeine Schneidearbeiten ist eine solche Klinge nicht sonderlich gut geeignet. Allerdings werden solche Messer in der Praxis gerade für solche Aufgaben verwendet, und zum Glück werden nur wenige dieser Messer für die ihnen von ihren Konstrukteuren eigentlich zugedachten Aufgaben verwendet.

Wenn die eine Schneide eines Messers mit einer Klinge mit Lanzenspitze nur auf etwa einem Drittel der Klingenlänge von der Spitze aufwärts geschärft ist, dann spricht man auch von einer Säbelspitze. Wenn die Klinge ungewöhnlich lang und schmal ist, dann nennt man sie üblicherweise Stilett. Allerdings sind Stilette mit fest stehender Klinge heutzutage für den Zivilgebrauch selten, in vergangenen Jahrhunderten dagegen waren sie häufig. Die für die Sportart des Messerwerfens geschaffenen Wurfmesser haben oftmals eine modifizierte Lanzenspitze, allerdings ist die Klinge meist dicker gehalten. Dadurch ist sie besser ausbalanciert und fliegt besser durch die Luft, und aufgrund des höheren Gewichtes dringt sie dann auch tiefer in das Ziel ein.

TANTO

Es gibt eine ganze Reihe von verschiedenen modernen Klingenformen, die von ihren Herstellern als «Tanto» bezeichnet werden. Sie stammen ursprünglich alle von derselben alten japanischen Klingenform ab, bei der es sich um eine gekrümmte, einschneidige Klinge handelt. Die beliebteren «amerikanischen» Tanto unterscheiden sich von der japanischen Urform dadurch, dass sie einen einseitigen Keilschliff auf nur einer Seite der Klinge haben, eine relativ stumpf ausgeführte Spitze aufweisen und dass das Messer insgesamt eckiger aussieht. Die Schneide der Klinge mit der stumpfen Spitze läuft normalerweise weitgehend parallel zum Rücken und geht dann im Bereich der Spitze in einem Winkel von ca. 45 Grad nach oben und bildet dort die Spitze. Diese Klingen haben eine sehr scharfe Schneide und eine scharfe Spitze, die direkt vor der Rückenlinie liegt, deswegen können sie sehr kräftig eindringen. Mehrere Hersteller haben die Tanto-Klinge für Messer für militärische Einsätze verwendet, wobei sicherlich neben den taktischen Qualitäten solcher Messer auch die gute Vermarktung eine Rolle spielt.

ABGEBOGENE SPITZE

Diese Art des Messers gleicht dem Abhäutemesser mit aufgebogener Spitze, aber hier liegt die Spitze nur geringfügig höher als der Klingenrücken. Dadurch erhält man eine lange und geschwungene Schneide, aber es wird die eigentlich nicht brauchbare (so jedenfalls ist meine Meinung) Spitze des Abhäutemessers mit aufgebogener Spitze vermieden.

Messer im japanischen Tanto-Stil werden immer beliebter. Dieses von Farid gefertigte Tanto «Master Samurai» ist 480 mm lang und hat einen mit Kordel umwickelten Griff, der in klares Harz getaucht wurde.

MESSER MIT FEST STEHENDER KLINGE

Oben: Variationen eines Themas – drei verschiedene Klingentypen an Messern aus verschiedenen Ländern, aber sie sind ansonsten bemerkenswert ähnlich. Das «Bison» aus Grossbritannien hat eine Gebrauchsklinge, das schwedische «Nordic» eine Klinge mit abgebogener Spitze und das spanische «Joker» hat eine modifizierte Lanzenspitze.

Obwohl es sich hier hauptsächlich um ein Messer zum Abhäuten handelt, lässt es sich aufgrund der weniger radikal ausgeführten Klingenform auch für viele andere Zwecke verwenden, und ein gut ausgeführtes Exemplar kann durchaus etwas wie ein ganz passables Vielzweckmesser sein.

GEBRAUCHSMESSER

Wie der Name schon sagt, handelt es sich hier um ein Gebrauchsmesser für alle Zwecke. Es hat auf keinem Gebiet überragend gute Eigenschaften und auch keine nennenswerten Fehler – es ist ein gutes und zuverlässiges Arbeitspferd, und so etwas ist ja nicht verkehrt. Das Gebrauchsmesser hat normalerweise einen geraden Klingenrücken, die Schneide geht in einer langen Biegung in die Spitze über. Dadurch hat das Messer eine lange Schneide und eine gut brauchbare Spitze. Darin ähnelt es weitgehend einem grossen Kochmesser. Manchmal ist der Klingenrücken auch kaum merkbar zur Spitze hin abgeschwungen, so dass dieses Messer eine Klinge mit abgeschwungener Spitze hat. Mir gefällt diese

FORMEN DES SCHLIFFS

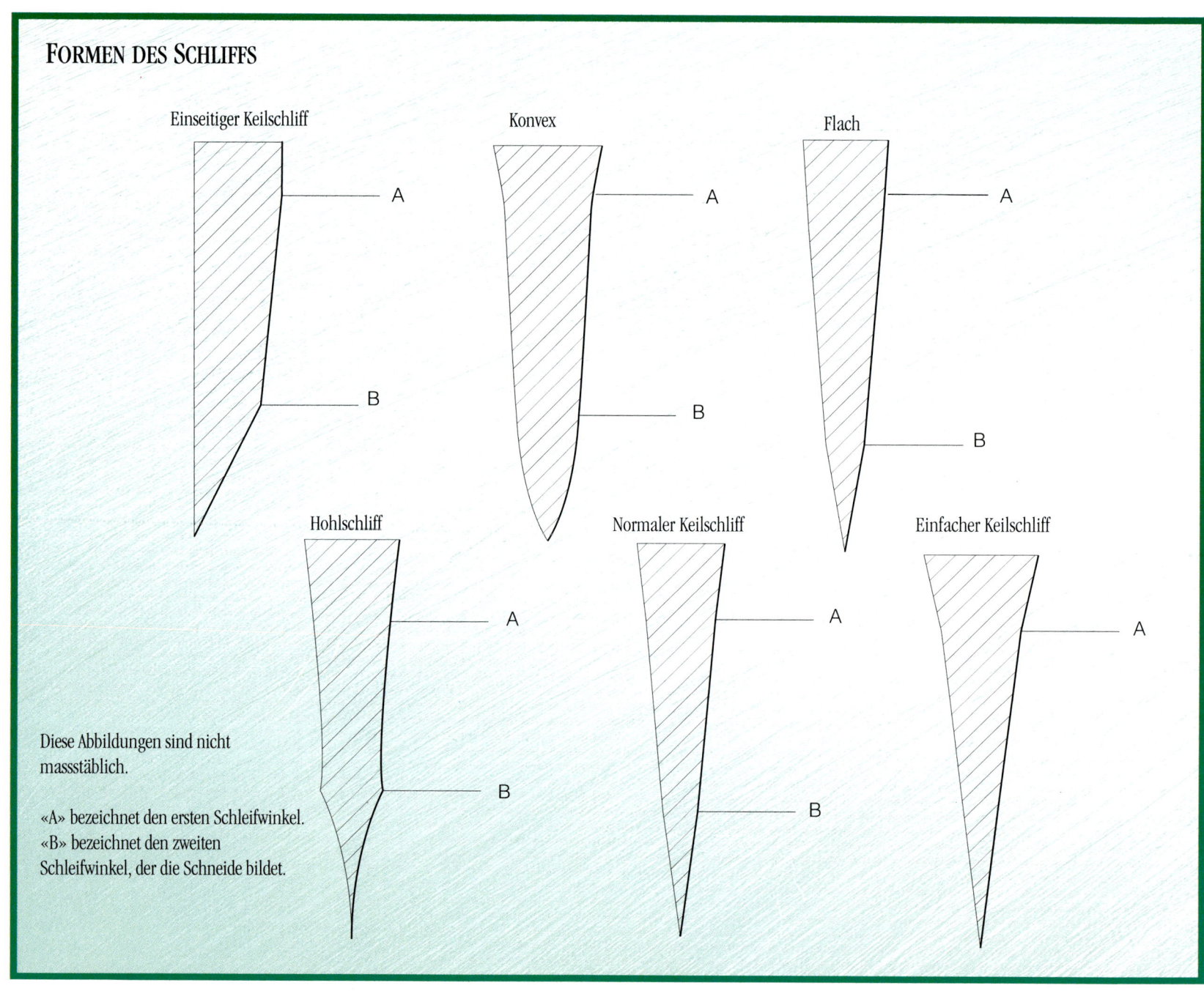

Diese Abbildungen sind nicht massstäblich.

«A» bezeichnet den ersten Schleifwinkel.
«B» bezeichnet den zweiten Schleifwinkel, der die Schneide bildet.

Ausführung besser als diejenige mit dem perfekt geraden Rücken.

DIE SCHNEIDE

Allgemein ausgedrückt werden an eine Messerklinge beim Schärfen zwei Winkel angeschliffen – der erste dient zum Abschleifen des Grundmaterials und bildet den ersten Winkel, der zweite Winkel ist dann viel kleiner und bildet die eigentliche Schneide. Dieser zweite angeschliffene Winkel interessiert den Messerbesitzer am meisten, denn das ist der Bereich der Klinge, den er selbst regelmässig nachschärfen muss. Aber auch der erste angeschliffene Winkel sollte uns interessieren, denn die Art und Weise, wie ihn der Hersteller angeschliffen hat, kann grosse Auswirkungen auf das Leistungsvermögen des Messers haben. Der erste Winkel kann auf eine ganze Reihe von unterschiedlichen Arten angeschliffen werden, die oben aufgeführten Muster sind diejenigen, die am häufigsten vorkommen.

EINSEITIGER KEILSCHLIFF

Wie schon beim Tanto beschrieben, wird dieser Schliff nur auf einer Seite der Klinge angebracht, er beginnt normalerweise an der Mittellinie der Klinge und geht bis zum zweiten Schleifwinkel hinunter, während die andere Seite der Klinge vom Rücken bis zur Schneide komplett flach gelassen wird. Dadurch wird die Klinge extrem scharf – und lässt sich auch leicht wieder schärfen –, aber es gibt auch Kritiker, die sagen, dass man auf diese Klingen besser als auf eine zweiseitig geschliffene Klinge aufpassen muss, weil die eigentliche Schneide sehr dünn und empfindlich ist. Das gilt besonders, wenn man lang andauernde Schneidearbeiten an harten Materialien auszuführen hat. Das kann ich eigentlich nicht bestätigen, aber ich habe solche Klingen auch nie für wirklich schwere Arbeiten verwendet, denn ich halte sie für solche Aufgaben nicht für gut geeignet.

Konvex
Wie der Name schon sagt, sind die beiden Seiten der Klinge konvex geschliffen, um die Schneide zu bilden – bei diesem Schliff gibt es keinen zweiten Schleifwinkel. Dieses Profil wird gewählt, wenn die Schneide sehr belastbar sein soll, aber sie kann auch sehr scharf sein, je nachdem, in welchem Winkel sie angeschliffen wird.

Das klingt eigentlich alles sehr gut, und es ist auch ein recht guter Schliff – aber es ist überaus schwierig, diesen Schliff richtig neu zu schärfen.

Hohlschliff
Dieser Schliff besteht aus zwei konkav geschliffenen Profilen auf beiden Seiten der Klinge. Dadurch entsteht eine sehr feine und überaus scharfe Schneide mit grossem Leistungsvermögen. Von Nachteil ist allerdings, dass die Schneide dünn ist und deswegen leicht ausbrechen kann (besonders wenn man mit einem solchen Messer stark belastende Arbeiten wie Hacken ausführt). Unter bestimmten Belastungen an hartem Material kann die Schneide sogar umbiegen. Besonders gute Beispiele für Klingen mit Hohlschliff sind Rasiermesser.

Flach
Das ist einer der einfachsten Schliffe – und gleichzeitig einer der besten. Er besteht aus einem beidseitigem Schliff in einem flachen Winkel, der vom Rücken direkt bis zum zweiten Schleifwinkel geht. Dadurch entsteht eine ganz hervorragende Schneide, die auch recht widerstandsfähig ist. Einige der besten Kochmesser und Schlachtermesser werden

In Italien von Extreme Ratio gefertigtes Kampfmesser «Col. Moschin» mit Sägezahnung am hinteren Ende der Schneide, einer Klinge aus Kobaltstahl und einem Griff aus dem Kunststoff Kraton.

mit diesem Schliff versehen. Der Hauptnachteil ist die Materialverschwendung, denn bei diesem Profil muss eine ganze Menge Metall abgeschliffen werden.

NORMALER KEILSCHLIFF

Dieser Schliff entspricht weitgehend dem Flachschliff, allerdings beginnt der erste Schleifwinkel schon in der Klingenmitte. Der zweite Schleifwinkel wird oftmals nicht besonders tief geschliffen, so dass die Scheide sehr haltbar und trotzdem recht scharf ist. Dieser Schliff hat eigentlich keine Nachteile, er ist besonders für schwere Schneidarbeiten und für das Hacken geeignet – feine Schneidarbeiten und das Schneiden von Scheiben sind nicht so sehr seine Sache. Dieser Schliff wird oft für Militärmesser und Camping- und Fahrtenmesser verwendet.

SÄGEZAHNUNG

Bei dieser Ausführung hat die Klinge eine Reihe von Zähnen, die manchmal zwei verschiedene Grössen haben und entlang der Klinge angebracht sind. Normalerweise sind diese Zähne im Keilschliff direkt an die Klinge angeschliffen, es gibt keinen zweiten Schleifwinkel dabei, so dass diese Zahnreihen extrem scharf sind. Damit wird die gesamte Schneide des Messers überaus leistungsfähig, denn die hochstehenden Zähne greifen das Material und halten es fest, und dann kommt der eigentliche Schnitt, wobei die Zähne sich dann einfach durch das Material durchsägen. Da die Zähne von beiden Seiten geschliffen sind, schneiden sie bei der Hin- und bei der Herbewegung beim Schneiden gleichermassen gut – es ist fast schon ein Sägen. Auch nach langem Gebrauch bleibt eine Klinge mit Sägezahnung noch scharf, und das liegt einfach an ihrer Form und Ausführung. Aber wenn sie einmal geschärft werden muss, dann dauert das sehr lange und erfordert viel Geduld. Aus irgendeinem Grund ist die Klinge mit Sägezahnung bei fest stehenden Messern nie sonderlich weit verbreitet gewesen. Es gibt aber einige moderne Messer, die einen kurzen gezahnten Abschnitt an der Schneide oder auf dem Klingenrücken aufweisen, meist in der Nähe der Klingenwurzel oder der Parierstange.

EINFACHER KEILSCHLIFF

Dieser Schliff beginnt in der Mitte der Klinge und geht direkt bis zur Schneide herunter. Wie es der Name schon sagt, ist es ein einfacher Schliff, einen zweiten Schleifwinkel gibt

Traditionelle Hirschfänger mit Parierstangen aus einer Zinnlegierung, sie stammen von dem spanischen Hersteller Muela Alcaraz. Die oberste Waffe hat einen Knauf in Form eines Keilerkopfes.

Oben: Jagdmesser aus Deutschland oder Österreich mit Hirschhorngriff und einer handgefertigten Scheide aus Aluminium.

es nicht. Dadurch entsteht eine extrem scharfe Schneide, aber wenn man sie nachschärfen will, dann muss man die gesamte Schneide sehr gleichmässig bearbeiten und aufpassen, dass man die Form der Schneide nicht verändert oder verdirbt.

Jetzt kommt der Griff dran

Zum Schluss kommen wir zum Griff. Der kann aus einem Teil oder aus zwei Teilen bestehen. Wenn er aus zwei Teilen besteht und die Angel sozusagen umschliesst, dann sprechen wir auch von Griffschalen. Zu den traditionellen Materialien für den Griff gehören Holz, Knochen, Hirschgeweih, Leder (normalerweise aufeinander gesteckte und verleimte Lederscheiben), Elfenbein und Metalle (Stahl, Messing, Silberblech etc.). Alle diese Materialien werden auch heute noch verwendet, und einige davon können wunderschön und sogar luxuriös aussehen. Heute bevorzugen viele Hersteller aber moderne Materialien, da sie besonders für die entsprechenden Aufgaben geeignet, haltbarer und leichter zu bearbeiten sind. Moderne Kunststoffe und andere vom Menschen geschaffene Materialien (wie zum Beispiel ABS, G10, Micarta, Zytel usw.) weisen keine nicht vorhersagbaren Reaktionen mit Chemikalien auf und sind viel widerstandsfähiger gegen Wasser und klimatische Einflüsse als viele der schon lange verwendeten organischen Substanzen. Synthetische Materialien sind ausserdem extrem zäh und können sehr griffest gemacht werden, wobei dann noch Fischhaut, andere geprägte Muster oder Fingerrillen dazu bei-

Unten: Dieses Tauchermesser «Seeman Sub» mit einer abgebogenen Klinge und Sägezahnung auf dem Klingenrücken hat einen Griff aus Kunststoff und ein Griffmittelteil aus weichem Kunststoffmaterial mit Rillen. Die Scheide besteht ebenfalls aus blauem Acryl.

Messer mit der Bezeichnung «Walker» von Alan Wood. Es hat eine Klinge aus Damast mit einer Lanzenspitze, für den Griff wurde das seltene Eisenholz aus der Wüste Arizonas verarbeitet.

tragen. Aus diesen Gründen werden für moderne Militärmesser und andere stark belastbare Messer vorzugsweise Griffe aus modernen Materialien verwendet, aber auch für normale Gebrauchsmesser werden sie zunehmend verwendet. Trotzdem haben die verschiedenen Holzarten in schlichter oder schön gemaserter Form immer noch ihre Liebhaber unter denen, für die ein Messer eine klassische Form haben soll. Auch Hirschhorn und Knochen bleiben bei diesen Traditionalisten beliebt. Einige Hersteller machen auch noch Messer in alter Ausführung mit Ledergriffen, während Messer mit geprägten Metallgriffen so gut wie nicht mehr vorkommen.

Wenn Sie sich für einen bestimmten Griff entscheiden, dann überlegen Sie, wofür Sie das Messer benutzen wollen und mit welchen Substanzen es in Kontakt kommen könnte. Moderne Kunststoffe sind zäh und einfach zu reinigen, aber ich bin der Meinung, dass einige der althergebrachten Materialien einfach besser aussehen.

Wenn Sie nichts falsch machen wollen und gleichzeitig ein gut aussehendes Messer möchten, dann entscheiden Sie sich für ein Messer mit einer richtigen, vollständig ausgeführten Angel und Griffschalen aus Holz, Knochen oder Hirschhorn, die aufgenietet sind. Wenn diese nämlich einmal beschädigt werden, sind sie recht einfach auszuwechseln.

Sie haben die Wahl

Hoffentlich haben Ihnen diese Ausführungen jetzt dabei geholfen, sich für das richtige fest stehende Messer zu entscheiden. Wenn Sie noch Zweifel haben, dann entscheiden Sie sich einfach für ein mittelgrosses Messer mit einer abgebogenen Spitze, einer etwas aufgebogenen Spitze oder ein Gebrauchsmesser, denn diese sind für alle Arten von Aufgaben einigermassen gut geeignet, da können Sie nicht viel falsch machen.

Ein Freund von mir arbeitet als Koch (den Ehrentitel «Küchenchef» möchte ich ihm aber nicht erteilen), er hat ein altes Sabatier-Messer mit einer 10 Zoll langen Klinge, die einen normalen Flachschliff hat. Mein Freund erledigt mit diesem Messer auf seinem Boot alle

Bowie-Messer mit Scheide von Bexfield aus Sheffield in England. Der Griff besteht aus aufgesetzten Lederscheiben, und diese Art des Griffes wird bei diesem Messertyp schon seit über 100 Jahren verwendet.

Schneidearbeiten, die einem Sportfischer so über den Weg laufen. Diese Arbeiten reichen vom Zerschneiden von Tauwerk bis zum Filetieren von Fisch.

Wenn er auf See ist, dann hängt das Messer an einem Nagel in dem nur teilweise überdachten Ruderhaus seines Bootes und ist eigentlich immer den Elementen ausgesetzt. Das Messer hat einen eingerissenen Holzgriff und eine vollkommen verfärbte Klinge aus Kohlenstoffstahl, und dieses Material ist eigentlich für den Gebrauch am Salzwasser ungeeignet.

Das stört meinen Freund aber gar nicht, er zieht sein Messer vor dem Gebrauch einfach ein paarmal über den Wetzstahl, und dann schneidet dieses Messer einfach alles. Die einzige Pflege, die dieses Messer jemals erhält, sind ein paar Tropfen Pflanzenöl aus der Küche auf einem Lappen, es wird damit abgewischt und kommt dann in den Schrank, solange das Boot im Hafen liegt.

Obwohl dieses Messer nicht mehr schön aussieht, tut es in jedem Fall seine Pflicht, und mein Freund würde sich niemals davon trennen – obwohl ich ihm schon oft angeboten habe, es für ihn über Bord zu werfen.

Ein Gebrauchsmesser/Abhäutemesser von Condor mit Holzgriffen, einem Metallknebel und einem Metallknauf. Dieses Messer wird in den USA hergestellt. Das Messer hat auf dem Rücken des Knebels breite Rillen und unten am Klingenende eine halbrunde Fingerauflage, so dass es sich bei feinen Schneidearbeiten sehr genau führen lässt.

KLAPPMESSER

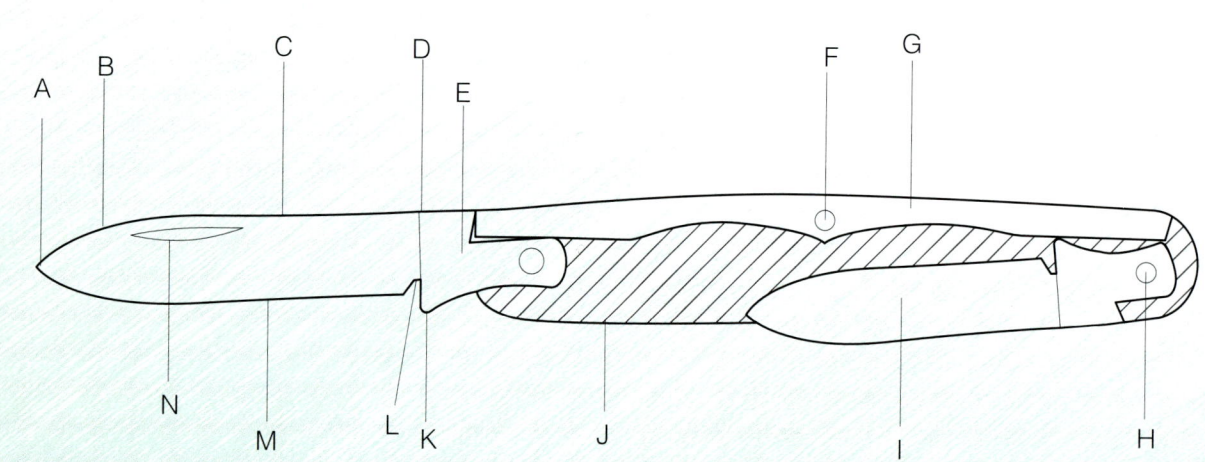

MESSER MIT RÜCKENFEDER

A Klingenspitze
B Oberteil der Spitze – nicht geschärft
C Klingenrücken
D Klingenwurzel – hier trifft die Schneide auf die Angel
E Angel
F Achsstift der Rückenfeder
G Rückenfeder
H Achsstift der Klinge
I Klinge (in eingeklappter Stellung)
J Rahmen
K Schliessverzahnung – dieser Teil der Angel verhindert den Kontakt der Klinge mit der Rückenfeder, wenn die Klinge eingeklappt ist
L Klingennut – kleiner Einschnitt in der Klingenwurzel direkt vor der Schneide
M Schneide
N Fingernagelrille

Unten: Die ersten Taschenmesser waren so genannte «Groschenmesser» (in England wurden sie nach ihrem Kaufpreis «penny knives» genannt). Das hier abgebildete Exemplar stammt aus dem 19. Jahrhundert und wurde in Italien hergestellt. Der stiefelförmige Griff ist aus Horn geschnitzt.

Rechte Seite: Das einfache Klappmesser mit einer Rückenfeder und Klinge mit Mittelspitze ist wohl das am häufigsten auf der Welt anzutreffende Taschenmesser. Bei dem hier gezeigten Messer handelt es sich um eine Ausführung des schweizerischen Armeemessers mit zwei Klingen von Victorinox.

Wir wissen, dass es Klappmesser schon seit der Spätzeit des Römischen Reiches gibt. Archäologen haben Klappmesser des 2. und 4. Jahrhunderts n.Chr. ausgegraben. Zwar hatten diese Messer noch keine Feder, um sie offen zu halten, weil der Federstahl noch nicht erfunden war. Stattdessen befand sich am Klingenrücken hinter dem Achsstift eine Warze, die sich festklemmte, wenn das Messer aufgeklappt war. Die Klinge wurde hauptsächlich durch den beim Schneiden ausgeübten Druck und/oder den Handgriff des Benutzers offen gehalten. Dieser einfachste Mechanismus eines Klappmessers ist erhalten geblieben und findet sich an billigen Taschenmessern, die früher für ein paar Groschen verkauft wurden und die man deswegen auch als «Groschenmesser» bezeichnet. Ein weiterer Hinweis auf den niedrigen Preis dieser Messer ist ihre sehr schlichte Ausführung ganz im Gegensatz zu ihren reich verzierten römischen Vorgängern. Obwohl solche Billigmesser auch heute noch in manchen Gegenden der Welt gefertigt werden, sind sie längst von besseren Konstruktionen mit einem Klingenverschluss abgelöst worden, die auch nicht viel mehr kosten, aber bei denen der Anwender nicht ständig Druck auf die Klinge ausüben muss, um sie offen zu halten.

Einfache Taschenmesser mit Rückenfeder

Diese Art des Taschenmessers hat einen Verschluss, der manchmal als Reibungsverschluss bezeichnet wird, obwohl es sich hier eigentlich gar nicht um einen richtigen Verschluss handelt. Stattdessen ist eine Feder in der Form einer Stange angebracht, die Rückenfeder heisst, sie bildet den Rücken des Griffes. Diese Feder drückt ständig gegen die halbrunde Angel der Klinge (die auf einem Achsstift drehbar gelagert ist). Deswegen ist ein Widerstand vorhanden, der das Ausklappen oder Einklappen der Klinge beim Gebrauch verhindert. Wenn man die Klinge ausklappen will, greift man mit dem Fingernagel in die Fingernagelrille oben an der Klinge und zieht die Klinge gegen den Widerstand der Feder auf. Zum Einklappen wird die Klinge an ihrem Rücken gegen den Widerstand der Feder gedrückt, wenn er überwunden ist, klappt die Klinge in den Griff ein.

Viele Leute benutzen die Bezeichnung «Federmesser» für kleine Taschenmesser mit Rückenfeder. Federmesser wurden ursprünglich im 18. und 19. Jahrhundert zum Anspitzen und Aufschlitzen der Gänsefederkiele verwendet, mit denen man damals schrieb. Für diesen Zweck wurden sie ungefähr hundert Jahre lang verwendet. Taschenmesser ist

MESSER

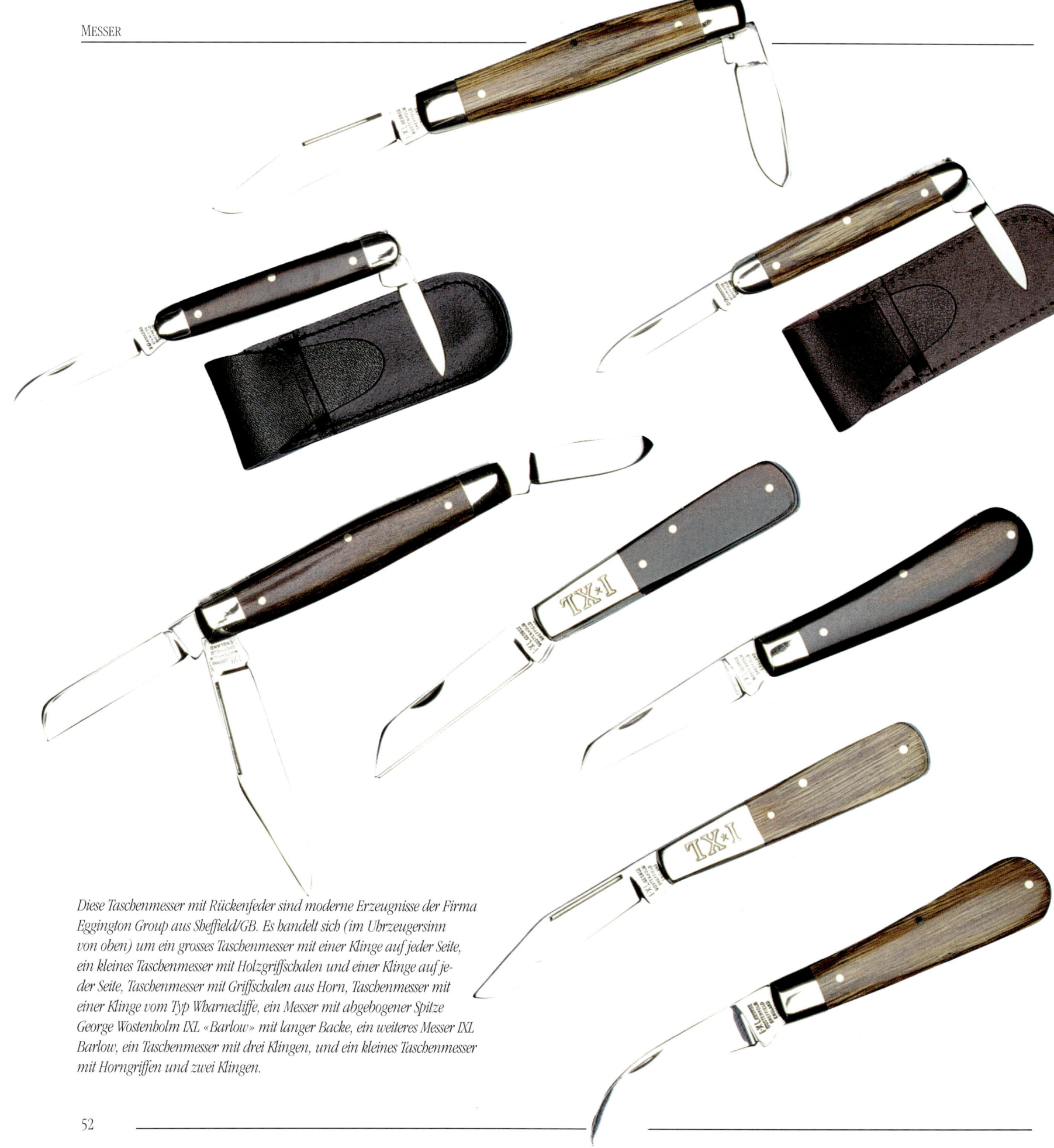

Diese Taschenmesser mit Rückenfeder sind moderne Erzeugnisse der Firma Eggington Group aus Sheffield/GB. Es handelt sich (im Uhrzeugersinn von oben) um ein grosses Taschenmesser mit einer Klinge auf jeder Seite, ein kleines Taschenmesser mit Holzgriffschalen und einer Klinge auf jeder Seite, Taschenmesser mit Griffschalen aus Horn, Taschenmesser mit einer Klinge vom Typ Wharncliffe, ein Messer mit abgebogener Spitze George Wostenholm IXL «Barlow» mit langer Backe, ein weiteres Messer IXL Barlow, ein Taschenmesser mit drei Klingen, und ein kleines Taschenmesser mit Horngriffen und zwei Klingen.

aber eine viel treffendere Bezeichnung für diese Messer, weil sie fast immer in der Jacken- oder Hosentasche getragen werden. Das Erbe der alten Federmesser ist aber bis heute erhalten geblieben, denn viele Taschenmesser haben eine Federklinge. Das ist eine kleine Klinge mit einer Mittelspitze und einem parallel zur Schneide verlaufenden, ungeschärften Klingenrücken, sie sieht fast wie eine kleine Speerspitze aus. Diese Klingenform ist bis heute beliebt und findet sich an hunderten von verschiedenen Taschenmessertypen, und das gilt auch für die Verschlussbauart mit Rückenfeder.

EINS, ZWEI, DREI ODER MEHR

Im goldenen Zeitalter der Messer aus Sheffield in der zweiten Hälfte des 19. Jahrhunderts gab es tausende von unterschiedlichen Ausführungen von Taschenmessern mit Rückenfeder. Die meisten Typen sind mittlerweile verschwunden und wurden durch moderne Ausführungen mit einem richtigen Verschluss ersetzt. Aber auch heute noch gibt es viele Varianten dieses alten Taschenmessertyps, und viele sind hervorragend gearbeitet. Die ersten Taschenmesser sind schon hunderte von Jahren alt, und die meisten hatten nur eine Klinge. Eines der berühmtesten war das «Barlow», wobei es sich um ein preiswertes Messer mit einer einzigen Klinge und einer langen Backe zur Verstärkung handelte. Dieses Messer war im 18. und 19. Jahrhundert sehr beliebt. Es gab auch eine Version mit zwei Klingen, die beide auf demselben Achsstift sassen. Deswegen wurde dieser Messertyp zusammen mit anderen Typen mit nur einem Achsstift in die Gruppe der einseitigen Klappmesser eingeteilt. Dieser ursprünglich von dem Messermacher Obadiah Barlow aus Sheffield gefertigte Messertyp wurde sehr beliebt und bald auch schon von anderen Herstellern gefertigt. Mit der Zeit wurde im englischen Sprachraum jedes Taschenmesser mit langer Backe einfach als Barlow bezeichnet. Lange Versionen mit einer 5 Zoll langen Klinge (ca. 125 mm) wurden manchmal als «Daddy Barlow» bezeichnet, mittellange Modelle mit einer 3,5 Zoll langen Klinge (ca. 90 mm) hiessen «Standard Barlow» und das kleinste Modell mit einer 2 Zoll langen Klinge (50 mm) war das «Baby Barlow». Auch heute noch gibt es Taschenmesser des Typs Barlow aus Sheffield, aber von diesem Messertyp werden in Europa und Amerika unendlich viele andere Varianten gefertigt.

Ein weiterer Taschenmessertyp mit einfacher Klinge stammt aus Deutschland und ist auch in Amerika sehr beliebt. In England und Amerika ist es als «Sodbuster» bekannt. Es ist ein einfach und kräftig gebautes Messer mit einer Klinge, das ursprünglich in der Landwirtschaft verwendet wurde, man erkennt es an seinem Griff ohne Backe, und der Achsstift ist sichtbar.

Der Typ «Trapper» ist ein weiteres einseitiges Taschenmesser mit einer oder zwei Klingen, er war in der Zeit vor dem 2. Weltkrieg als Gebrauchsmesser überaus beliebt. Der Typ mit

Taschenmesser dieser Bauarten gibt es schon seit vielen Jahren. Die hier gezeigten Messer stammen vom Hersteller Camillus – (von oben nach unten) Federmesser mit zwei Klingen und Griffschalen mit Perlmutteffekt, Taschenmesser Typ Barlow und ein Vielzweckmesser CAMCO mit einer ganzen Reihe von Klingen.

Klappmesser mit einer einzelnen Klinge mit abgebogener Spitze. Dieses Messer stammt von Case & Sons und ist mit deren Handelsmarke «XX» versehen.

Rechts: Ein Klappmesser mit zwei Klingen Typ «Barlow» aus dem 19. Jahrhundert, es wurde von Southern & Richardson in Sheffield gefertigt. Die Klinge mit abgebogener Spitze trägt die Beschriftung «THE FARM KNIFE» und es hat eine zweite, eingeklappte Klinge in einer Spezialform zum Kastrieren von männlichen Nutztieren.

einer einzigen Klinge hatte normalerweise eine abgebogene Spitze oder eine türkische Spitze (eine längere und schlanker ausgeführte Klinge mit stark abgebogener Spitze). Beim Modell mit zwei Klingen kam noch eine Klinge mit Mittelspitze dazu. Das Modell «Hunter» ist recht ähnlich, aber hier ist die zweite Klinge kleiner ausgeführt.

Um noch mehr Klingen in das Taschenmesser zu bekommen (unter Klingen sind auch andere Werkzeuge zu verstehen), setzten die Messermacher an beide Seiten des Rahmens einen Achsstift, die Rückenfeder wurde in der Mitte des Griffes verstiftet. Diese Messer wurden als «beidseitige» Taschenmesser bezeichnet. Durch die Stellung der Rückenfeder wurde auf beide Klingenenden Federdruck ausgeübt. Frühe Modelle hatten auf jedem Achsstift nur eine Klinge, und diese Ausführung ist bis zum heutigen Tage recht beliebt geblieben. Eines der bekanntesten Messer dieser Bauart ist das «Muskrat», ein langes und schlankes Taschenmesser, das oftmals mit zwei identischen Klingen im türkischen Stil ausgestattet ist.

Die Messer vom Typ «Moose» waren schwerer als das «Muskrat», normalerweise hat-

Kombiniertes Klappmesser als Essbesteck mit Messer und Gabel aus der Zeit von ungefähr 1750, es ist mit «TOOMER» beschriftet. Diese Kombinationsmesser waren einst besonders bei Leuten beliebt, die viel reisen mussten, es gibt sie auch getrennt als Klappmesser und Klappgabel.

DAS FEDERMESSER VON GEORGE WASHINGTON

Von dieser Geschichte gibt es viele Varianten, aber es dreht sich dabei immer um dasselbe Thema. Ganz offensichtlich besass George Washington im Winter 1777 in Valley Forge ein Federmesser (einige behaupteten, es wäre ein Barlow gewesen, andere meinten, es wäre ein viel aufwendiger verarbeitetes Messer gewesen). Es war ein Geschenk von seiner Mutter, die es ihm als Junge geschenkt hatte. Es war die Belohnung dafür, dass er seiner Mutter gehorcht und sich nicht bei der britischen Marine als Fähnrich verpflichtet hatte. Er hatte dieses Messer sein ganzes Leben lang bei sich und wurde dadurch immer an seine Mutter erinnert, die ihm gesagte hatte: «Gehorche immer deinen Vorgesetzten.» Das mag uns heutzutage etwas autoritär klingen. Als Washington aber kurz davor stand, sein Kommando niederzulegen, weil der amerikanische Kongress zu apathisch war, um seine Truppen mit der richtigen Ausrüstung zu versorgen, da erinnerte ihn sein Freund und Kamerad Generalmajor Henry Knox an sein Messer und die Worte seiner Mutter. Da er immer noch unter dem Kommando des Kongresses stand, zerriss er sein Rücktrittsgesuch und führte seine Truppen und sein Land zum Sieg.

Ein Klappmesser von Remington mit zwei Klingen im Stil eines Kanus, denn die beiden Backen an den Enden des Messers sind wie Bug und Heck eines amerikanischen Indianerkanus geformt.

Unten: Ein Klappmesser vom Typ Trapper des Herstellers Coleman mit zwei Klingen, beide auf derselben Messerseite angebracht. Solche Messer haben normalerweise zwei verschieden geformte Klingen (hier mit Mittelspitze und abgebogener Spitze).

Dieses an beiden Enden mit Klingen bestückte Messer von Coleman hat insgesamt fünf Klingen, und solche Messer gibt es von anderen Herstellern auch noch in grösseren Ausführungen. Vom amerikanischen Präsidenten Lincoln ist überliefert, dass er ein Taschenmesser mit acht Klingen mit sich führte, das als «Congress» bekannt war.

ten sie auf der einen Seite eine Klinge mit abgebogener Spitze und eine kleinere Klinge auf der anderen Seite. Vor hundert Jahren war auch das «Texas Jack» ein sehr beliebtes Messer, und das gibt es heute noch. Man kann es leicht von anderen Messertypen unterscheiden, denn es hat auf der einen Seite eine grosse Klinge mit abgebogener Spitze und auf der anderen Seite eine Klinge mit Mittelspitze. Ein Messer vom Typ «Equal End Jack» sieht im geschlossenen Zustand genauso aus. Eines der berühmtesten amerikanischen Taschenmesser mit Klingen auf beiden Seiten ist das «Canoe». Der Name sagt es schon, es sieht im geschlossenen Zustand aus wie das Kanu der amerikanischen Indianer, denn die beiden Backen sind zum Ende hin hochgezogen. Es gibt natürlich auch Taschenmesser dieses Typs, die an beiden Enden mit drei oder noch mehr Klingen ausgestattet sind. Das «Whittler» mit drei Klingen besitzt dafür zwei Rückenfedern. Die eine Feder ist für die beiden kleinen Klingen am einen Ende des Messers zuständig, während die andere Feder für die grosse Klinge da ist. Das grössere «Stockman» ist ein weiteres klassisches Taschenmesser mit drei Klingen, das man ein seinem geschwungenen Griff gut erkennen kann. Dieser Messertyp wird eigentlich von fast jedem bekannten Hersteller gefertigt. Bei den Klingen handelt es sich meist um eine grosse Klinge mit abgebogener Spitze auf der einen Seite und einer Klinge mit stumpfer Spitze auf der anderen Seite, so dass es ein sehr vielseitig verwendbares Messer ist. Manchmal sind auch noch weitere Werkzeuge vorhanden wie ein Sägeblatt oder eine Ahle zum Durchbohren von Leder, und dann ist dieses Messer noch nützlicher. Ich habe zwar noch nie ein Messer vom Typ «Stockman» gesehen, das mehr als sechs Klingen hatte, aber gehört habe ich schon davon. Die Version mit drei oder vier Klingen ist allerdings die weitaus häufigere.

Das am schwierigsten herzustellende Taschenmesser mit Rückenfeder dürfte wohl das im englischsprachigen Raum als «Lobster» (Hummer) bezeichnete Messer sein, das aber

Unten: Dieses Klappmesser von Remington mit drei Klingen heisst «Whittler». Allerdings ist das gezeigte Messer nicht ganz typisch für diese Modellausführung, denn normalerweise befinden sich bei diesem Typ zwei keine Klingen am Messerende und eine grosse Klinge vorn.

Rechte Seite: Dieses Modell «Stockman» von Remington mit drei Klingen ist typisch für diese Bauart, die schon seit über 100 Jahren gefertigt wird und immer noch eines der beliebtesten und vielseitigsten Klappmesser ist.

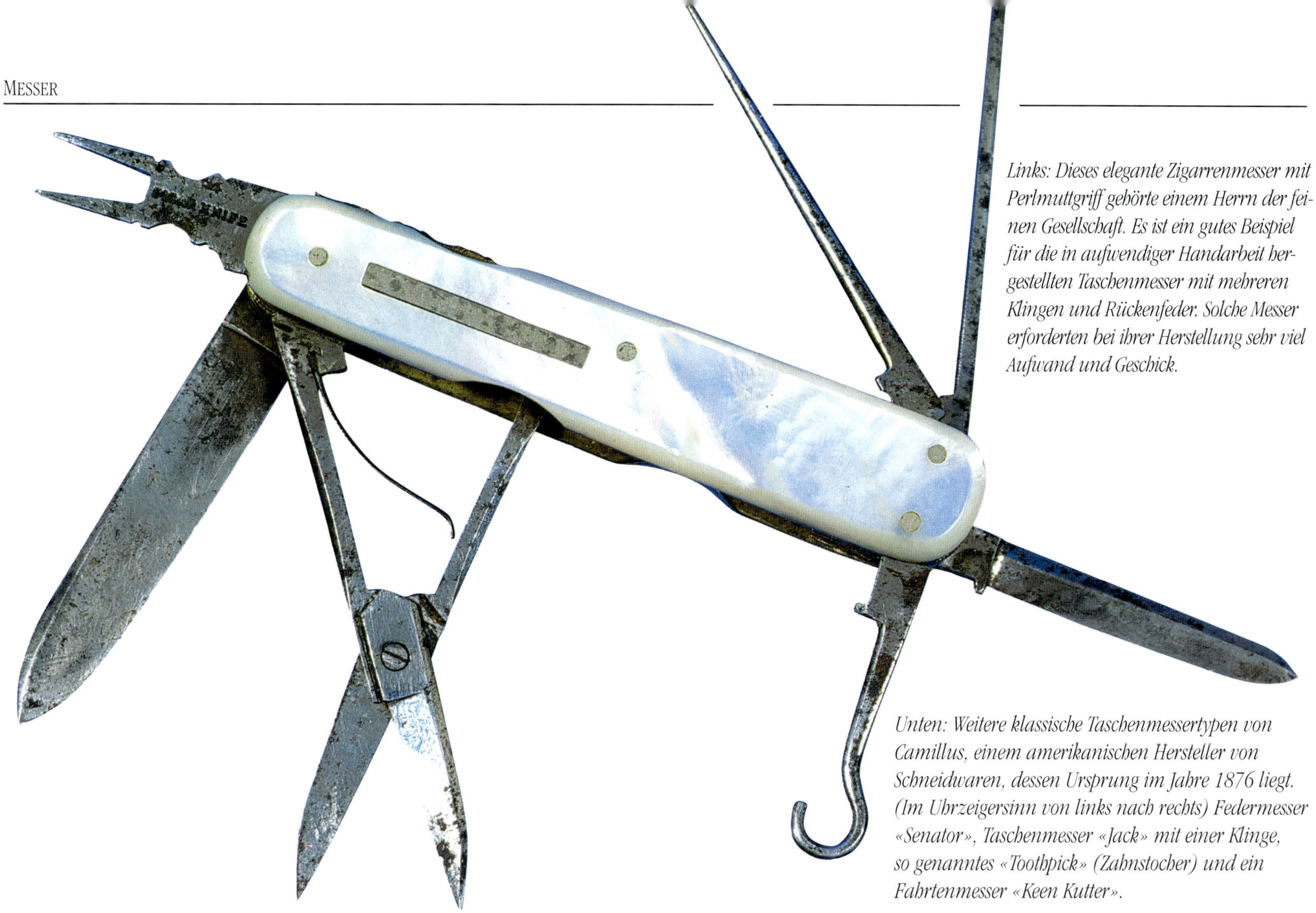

MESSER

Links: Dieses elegante Zigarrenmesser mit Perlmuttgriff gehörte einem Herrn der feinen Gesellschaft. Es ist ein gutes Beispiel für die in aufwendiger Handarbeit hergestellten Taschenmesser mit mehreren Klingen und Rückenfeder. Solche Messer erforderten bei ihrer Herstellung sehr viel Aufwand und Geschick.

Unten: Weitere klassische Taschenmessertypen von Camillus, einem amerikanischen Hersteller von Schneidwaren, dessen Ursprung im Jahre 1876 liegt. (Im Uhrzeigersinn von links nach rechts) Federmesser «Senator», Taschenmesser «Jack» mit einer Klinge, so genanntes «Toothpick» (Zahnstocher) und ein Fahrtenmesser «Keen Kutter».

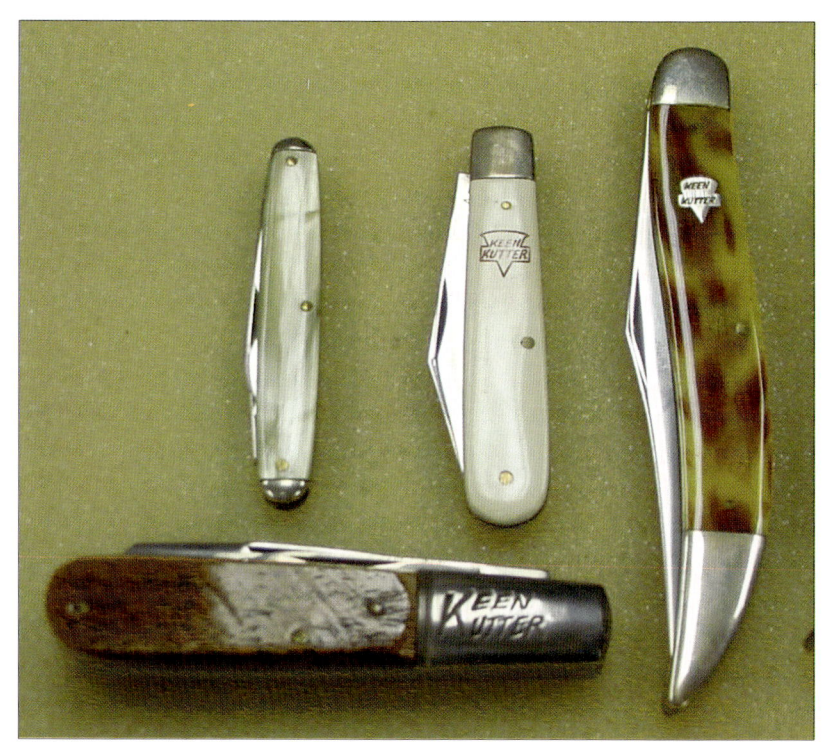

keineswegs zum Verzehr der schmackhaften Schalentiere vorgesehen ist. Der Name wird heute auch nicht mehr oft verwendet. Sogar die berühmten schweizerischen Armeemesser fallen in diese Kategorie. Und woher kommt der Name? Die Werkzeuge werden bei diesem Messertyp an beiden Enden des Messers ausgeklappt, und mit ausgeklappten Werkzeugen sieht es aus wie ein Hummer, der mit seinen Scheren droht – daher der Name.

WARUM EIN TASCHENMESSER MIT RÜCKENFEDER?

Der grosse Vorteil von Taschenmessern mit Rückenfedern ist deren Grösse, denn die kleineren von ihnen kann man ohne weiteres in der Jacken- oder Hosentasche oder sogar am Schlüsselbund tragen, aber trotzdem kann man sie für eine ganze Reihe von Aufgaben verwenden. Mit den grösseren Ausführungen kann man auch umfangreichere Schneidarbeiten ausführen, und trotzdem lassen sich auch diese Messer noch bequem in der Tasche tragen. Es gibt bei Taschenmessern sogar Ausführungen, die so geformt sind, dass sie in der Hosentasche auch bei längerem Tragen keinen Verschleiss am Stoff innen in der Tasche verursachen.

MESSER MIT KLINGENVERSCHLUSS

Dieser Abschnitt beschäftigt sich mit manuell aufzuklappenden und verriegelten Klappmessern. Springmesser, Fallmesser und andere mit mechanischer Unterstützung sich von selbst öffnende Messer werden an anderer Stelle in diesem Buch beschrieben. In vielen Ländern ist der Verkauf und Besitz solcher Messer gesetzlich geregelt oder sogar ver-

Die Funktion eines Klappmessers

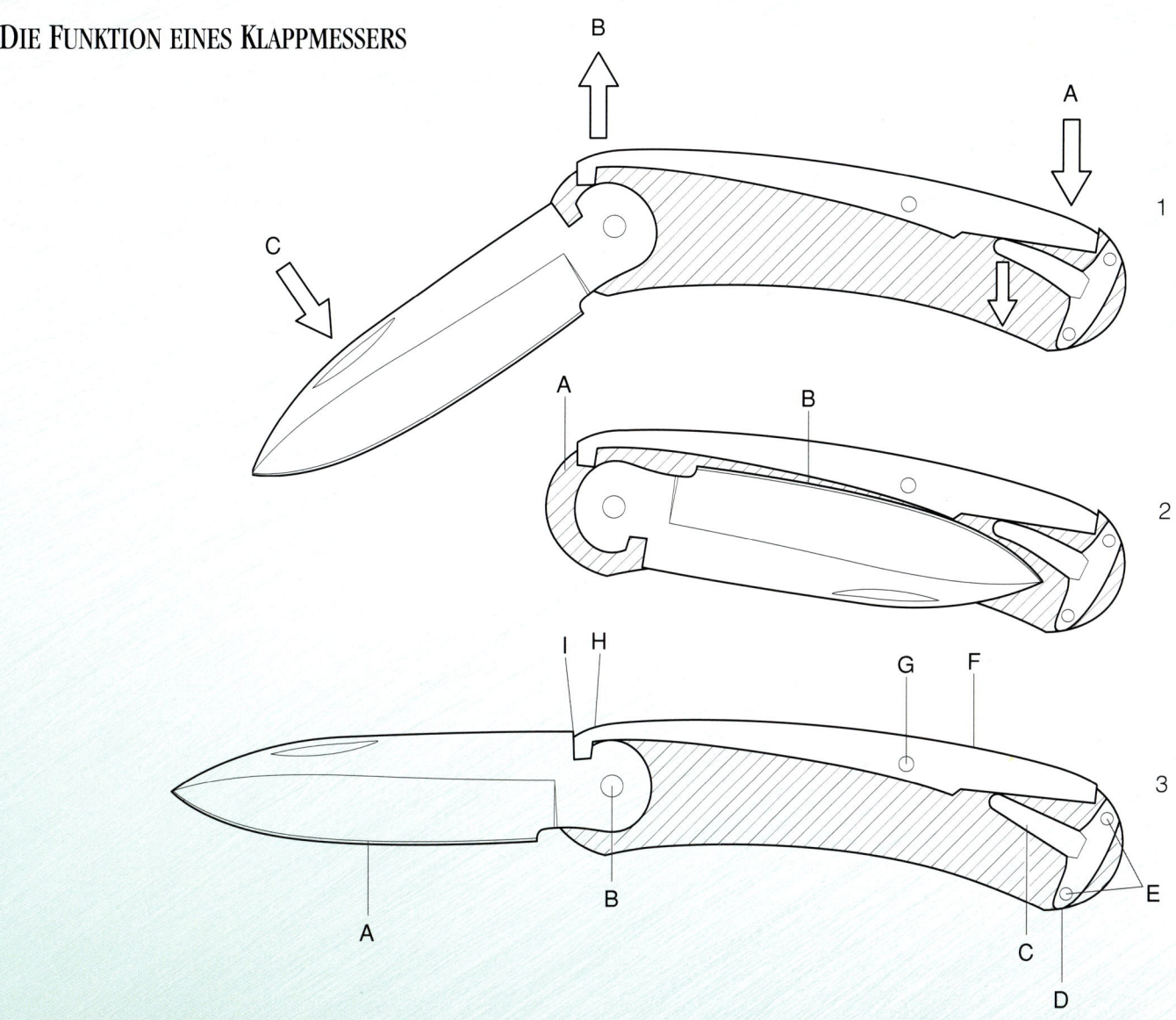

1 **Klinge wird eingeklappt**
A Zum Entriegeln der Feder wird Druck auf die Stange der Rückensicherung am Griffrücken ausgeübt.
B Dadurch wird die Klinke aus der Nute in der Angel gehoben, die Klinge wird freigegeben.
C Die Klinge kann jetzt eingeklappt werden, aber die Feder übt bei der Schliessbewegung einen leichten Druck auf die Angel aus.

2 **Klinge in eingeklappter Stellung**
A Beachten Sie, dass der Verschluss Federdruck auf die Rückensicherungsstange ausübt, die wiederum die Verriegelungsklinke gegen die Angel drückt, damit das Messer nicht versehentlich aufgeklappt wird.
B Durch ihre Formgebung stellt die Stange der Rückensicherung sicher, dass die Schneide keinen Kontakt mit ihr hat, wenn die Klinge eingeklappt ist.

3 **Klinge in ausgeklappter Stellung**
A Schneide
B Achsstift der Klinge
C Verschlussfeder
D Federhalteplatten
E Nieten
F Stange der Rückensicherung
G Achsstift der Rückensicherung
H Verriegelungsklinke am Ende der Sicherungsstange
I Nute in der Angel, in welche die Klinke eingreifen kann

boten, es gelten für sie oftmals andere Gesetze als für normale Klappmesser.
Die beliebtesten und am vielseitigsten verwendbaren Messer für alle möglichen Aktivitäten im Freien sind ohne Zweifel die verschiedenen Klappmessertypen mit Klingenverschluss. Wenn schwerere Schneidearbeiten durchzuführen sind, sind solche Messer dem einfachen Klappmesser mit Rückenfeder vorzuziehen. Das gilt auch für Fälle, in denen eigentlich ein fest stehendes Messer angesagt wäre, aber man ein solches Messer aus verschiedenen Gründen nicht führen will, kann oder darf. Diese letztgenannten Situationen kommen heutzutage recht häufig vor. Der Klingenverschluss macht das Messer sicherer bei schwerer Arbeit, während es aufgrund seiner Kompaktheit leichter mitzunehmen ist und auf andere Leute nicht so beunruhigend wirkt. Leider halten viele Leute heutzutage das Führen eines Messers mit fest stehender Klinge für bedrohlich und unsozial, ausser wenn solche Messer im Freien, bei der Jagd oder bei bestimmten Sportarten verwendet werden. Dadurch erhält das Klappmesser einen wichtigen Vorteil, denn im eingeklappten Zustand

Unten: Viele Messer mit einer Klingensicherung haben besondere Bedienelemente, die dabei helfen, das Messer mit nur einer Hand bedienen zu können. An diesem «Ryan Modell 7» von CRKT befindet sich an der Seite der Klinge ein Knopf, der mit dem Daumen bedient wird. Andere Hersteller verwenden ähnliche Vorrichtungen, um zum gleichen Ergebnis zu kommen.

Unten: Ein Klappmesser als Verteidigungsmesser aus der viktorianischen Zeit. Dieses Messer mit einer Stilettklinge hat eine einfache Ringsicherung. Ein Stift am Rücken der Klinge greift in eine Bohrung an eine Federplatte am Griff des Messers ein. Die Sperre wird gelöst, indem man den Ring an der Federplatte zieht.

Unten: Messer mit verriegelbaren Klingen wie dieses «S.W.A.T.» von Smith & Wesson lösen allmählich die einfachen Konstruktionen mit Rückenfeder ab. Sie sind besonders beliebt als Vielzweckmesser.

Dasselbe Verteidigungsmesser in eingeklappter Stellung. Man kann jetzt den Verriegelungsstift an der Klinge auf der dem Ring gegenüberliegenden Seite und die Federplatte am Griff gut sehen.

ist es nur etwa halb so lang wie ein vergleichbares fest stehendes Messer. Und trotzdem kann man die meisten Schneidearbeiten damit ausführen, die normalerweise anfallen, und dazu gehören viele Aufgaben, die man eigentlich mit fest stehenden Messern in Verbindung bringt. Wenn man weiss, was man will und wenn man ein ordentliches Messer mit einer guten Schneide hat, gibt es eigentlich nur wenige Aufgaben, die ein Klappmesser nicht erfüllen kann. Ich habe schon einmal gesehen, wie ein Jäger in Schottland eine recht grosse Hirschkuh ausgeweidet und versorgt hat, wobei er sogar den Kopf und die Hufe abgeschnitten hatte – und das alles in weniger als fünf Minuten und mit einem Klappmesser mit einer scharfen, 8 cm langen Klinge. Vielleicht hätte man es mit einem grösseren Messer etwas besser machen können, aber er wurde ohne jede Hilfe allein mit dem Stück Wild fertig.

Eine Frage der Grösse ...

Trotz der vielseitigen Verwendbarkeit gibt es ohne Zweifel Fälle, in denen die Grösse eines Klappmessers eine Rolle spielt. Natürlich gibt es Aufgaben, die ein Klappmesser einfach nicht erfüllen kann, und das sind schwere Arbeiten wie zum Beispiel das Hacken und Freischlagen von Buschwerk. Für diese schweren Arbeiten im Freien gibt es grosse fest stehende Messer oder Buschmesser bzw. Macheten oder sogar Äxte – diese sind aufgrund ihrer fest stehenden Klinge und der grossen Angel besser geeignet. Es gibt auch Schneidearbeiten, bei denen eine sehr lange Klinge erforderlich ist, wie zum Beispiel das Schneiden von Schinken in dünne Scheiben. Hier ist ein fest stehendes Messer die bessere Wahl.

Die meisten Klappmesser sind im aufgeklappten Zustand zwischen 15 cm und 28 cm lang. Zu diesen Standardgrössen gehört ein Griff mit einer Länge von ca. 90 mm bis ca. 150 mm, und diese Griffe passen gut in eine normale Männerhand. Die Klinge ist dabei immer etwas kürzer als der Griff, damit sie ganz im Griff untergebracht werden kann, wenn sie nicht gebraucht wird und eingeklappt ist. Wenn der Griff länger als 150 mm ist, wird das Messer unhandlich. Wenn Sie jemals versucht haben, eines dieser überlangen Klappmesser vom Typ Navaja aus Spanien zu verwenden, wissen Sie, was ich meine. Ausserdem übt eine längere Klinge aufgrund der grösseren Hebelkräfte auch erheblich mehr Belastung auf den Verschluss aus, und daher dürfte die vernünftige Höchstlänge für Klappmesserklingen bei 150 mm liegen. Im viktorianischen Zeitalter gab es in Grossbritannien Klappmesser mit Bowieklinge, die zur Verteidigung dienten und die längere Klingen hatten, aber diese Messer mussten in einer Scheide getragen werden, weil ein Teil der scharfen Klinge aus dem Griff herausstand, selbst wenn die Klinge eingeklappt war.

Es gibt sogar ein sehr klug ausgetüfteltes Filetiermesser von Paul Chen, dessen Mechanismus so konstruiert ist, dass die Klinge im eingeklappten Zustand sicher untergebracht ist, obwohl sie länger als der Griff ist. Aber auch dieses Messer ist insgesamt nur 216 mm lang, die Klingenlänge beträgt 115 mm. Man kann also ganz allgemein sagen, dass Klappmesser mit Klingenverschluss in Bezug auf ihre Länge bestimmten

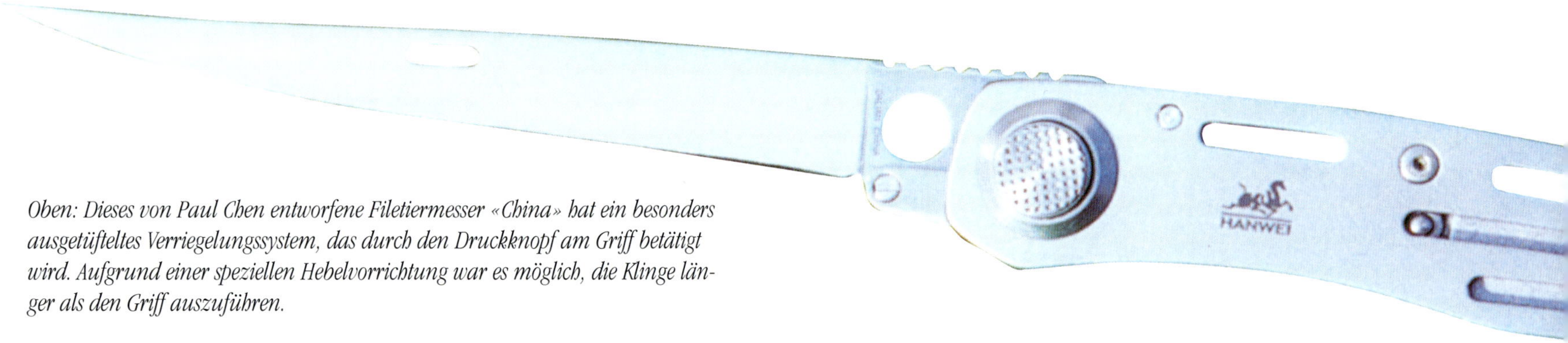

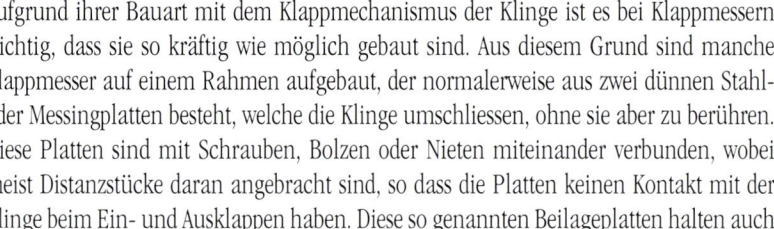

Oben: Dieses von Paul Chen entworfene Filetiermesser «China» hat ein besonders ausgetüfteltes Verriegelungssystem, das durch den Druckknopf am Griff betätigt wird. Aufgrund einer speziellen Hebelvorrichtung war es möglich, die Klinge länger als den Griff auszuführen.

Beschränkungen unterliegen.

Obwohl ein gleich grosses Messer mit fest stehender Klinge normalerweise kräftiger ist als ein vergleichbares Klappmesser, können moderne Klappmesser überaus starke Belastungen verkraften, ehe sie Ermüdungserscheinungen oder sogar Anzeichen von mechanischen Defekten aufweisen. Ich habe in meinem Leben schon viele Klappmesser besessen, und nur die allerbilligsten und miserabel verarbeiteten haben mich irgendwann einmal im Stich gelassen. Selbst wenn man sie missbraucht, signalisieren gute Messer von hoher Qualität schon lange vorher, dass bald etwas schiefgehen könnte – es passiert kaum jemals, dass zum Beispiel der Verschluss seinen Geist ganz plötzlich aufgibt. Entweder wird der Mechanismus zunehmend schwergängiger, was meist durch Beschädigungen oder Verschmutzung verursacht wird, oder es kommt zu Verschleisserscheinungen am Achsstift, und dann wird die Klinge allmählich lockerer.

JETZT KOMMT DER GRIFF DRAN

Aufgrund ihrer Bauart mit dem Klappmechanismus der Klinge ist es bei Klappmessern wichtig, dass sie so kräftig wie möglich gebaut sind. Aus diesem Grund sind manche Klappmesser auf einem Rahmen aufgebaut, der normalerweise aus zwei dünnen Stahl- oder Messingplatten besteht, welche die Klinge umschliessen, ohne sie aber zu berühren. Diese Platten sind mit Schrauben, Bolzen oder Nieten miteinander verbunden, wobei meist Distanzstücke daran angebracht sind, so dass die Platten keinen Kontakt mit der Klinge beim Ein- und Ausklappen haben. Diese so genannten Beilageplatten halten auch

Unten: Das Filetiermesser von Paul Chen in geschlossener Stellung. Hier ist gut zu sehen, wie ein Teil der Hebelvorrichtung am Rücken ausgeschwenkt wird, um die überstehende Klingenspitze abzudecken.

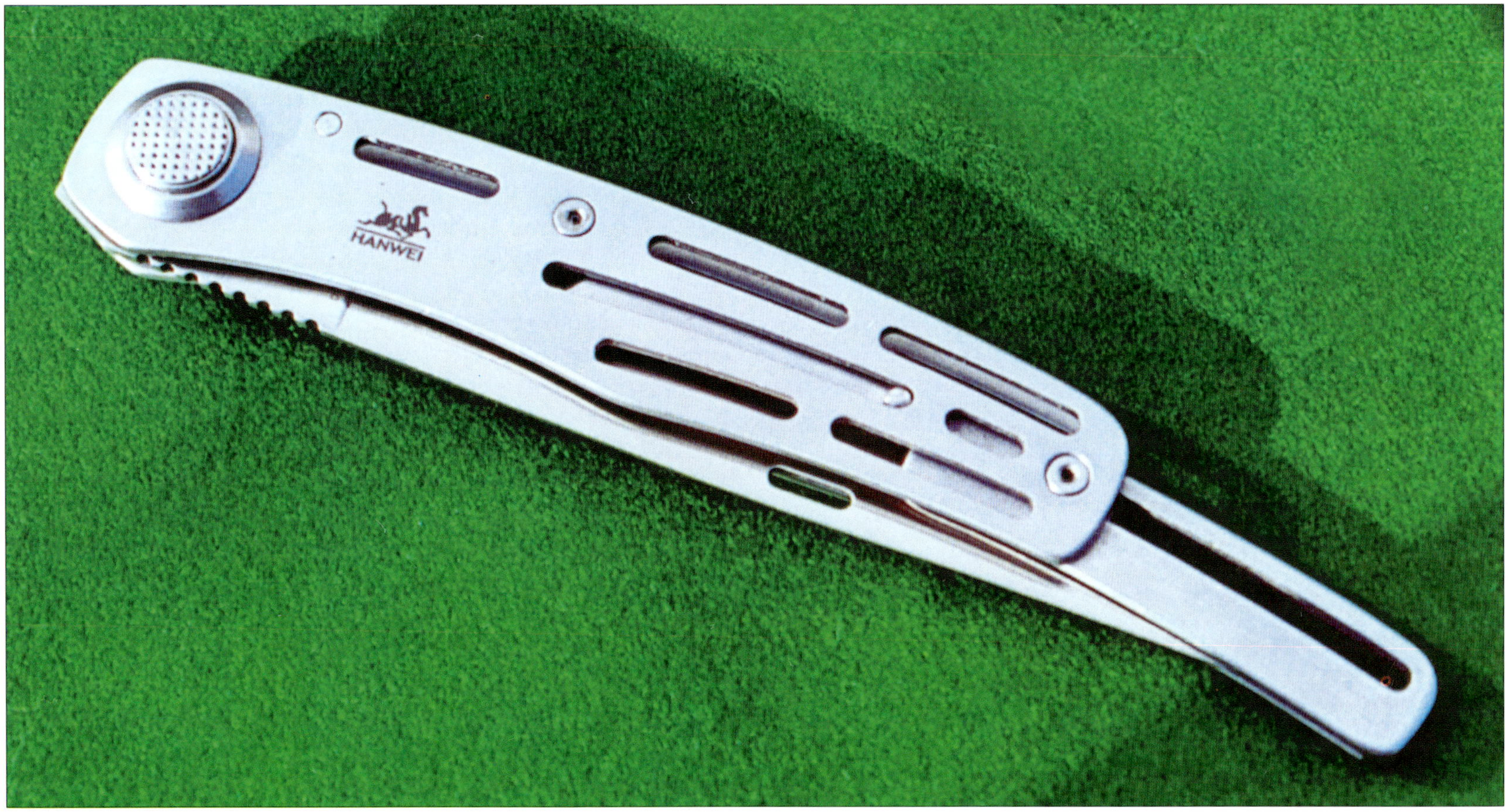

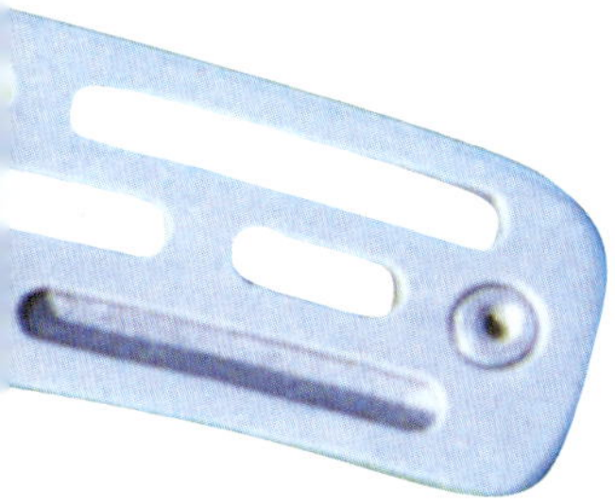

KLAPPMESSER

Klappmesser müssen durchaus nicht immer klein sein – dieses Messer aus dem 19. Jahrhundert ist ein als Klappmesser ausgeführtes Bowiemesser, das im geschlossenen Zustand in seiner Scheide abgebildet ist. So wird es kompakter und lässt sich besser tragen.

Im ausgeklappten Zustand ist die Klinge 290 mm lang, und zusätzlich ist die Parierstange ausgeklappt.

Selbst im eingeklappten Zustand kann dieses Messer verwendet werden, da ein Teil der Klinge über den Griff hinaussteht. Da der hintere Teil der Klinge nicht geschärft ist, kann man den Griff gefahrlos anfassen.

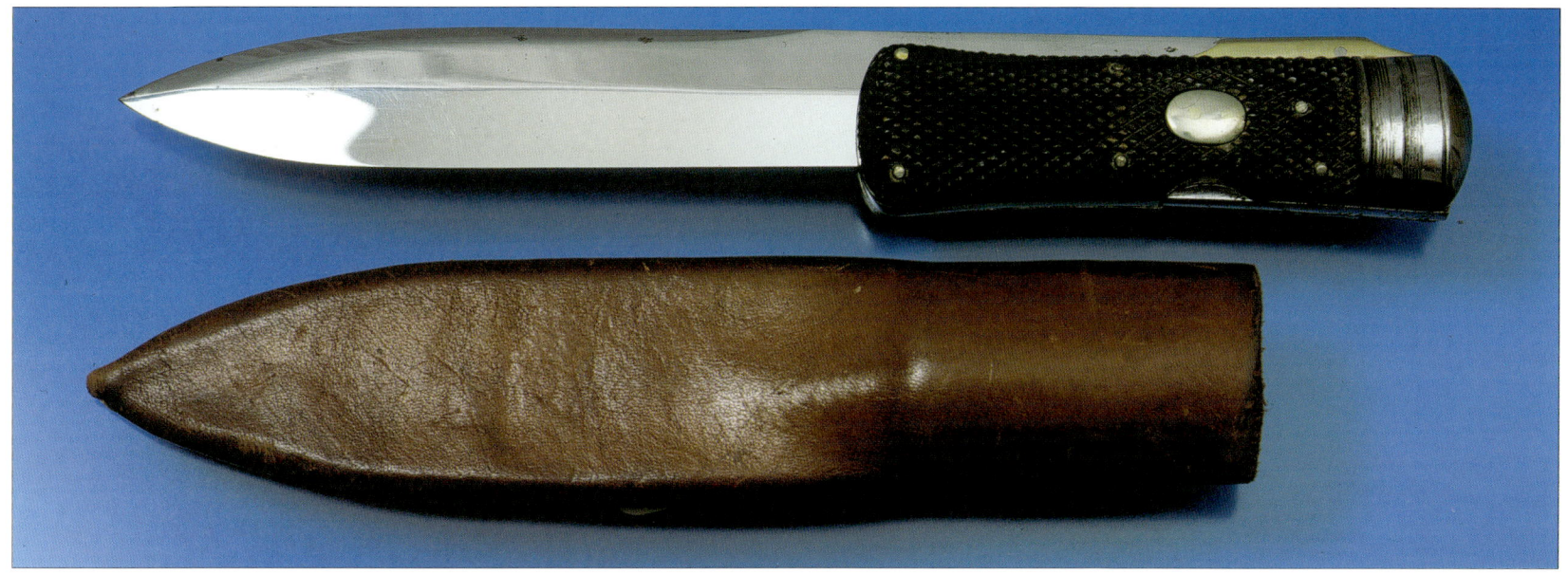

63

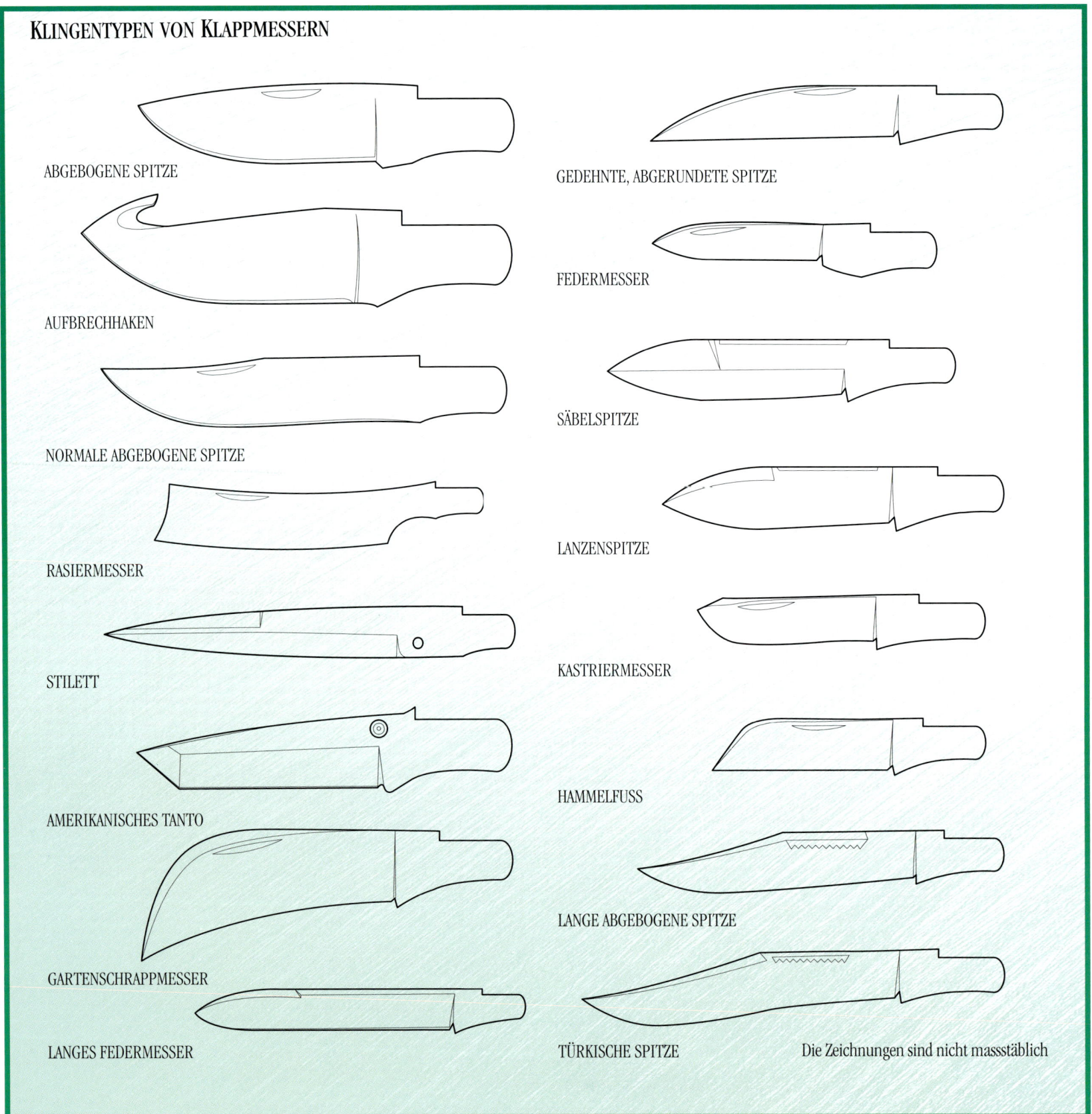

die eigentlichen Griffschalen.

Im Gegensatz zu einem fest stehenden Messer gibt es beim Klappmesser keine grosse und kräftige Angel, an der man den Griff befestigen kann. Die Angel ist hier nur eine kurze Verlängerung hinten an der Klinge, gerade gross genug, um eine Nabe zu bilden, die dem Achsstift genug Halt gibt, damit die Klinge ein- und ausgeklappt werden kann. Um dem Klappmesser in diesem kritischen Bereich zwischen Griff und Klinge genügend Festigkeit zu geben, muss der Verschlussmechanismus sehr kräftig ausgeführt sein, und das gilt auch für den Griff oder die Beilageplatten, an denen er befestigt ist.

Der Griff eines Klappmessers kann aus einem Stück gemacht sein – Beispiele hierfür sind die einfachen Holzmesser von Opinel und anderen französischen Herstellern. Heutzutage sind aber zweiteilige Griffe aus Kunststoffen sehr viel häufiger.

Das Material für den Griff kann bei Klappmessern sehr unterschiedlich sein. Für Griffschalen werden alle diejenigen traditionellen Materialien verwendet, die auch schon im Kapitel über fest stehende Messer aufgeführt sind. Dazu kommen aber noch weitere natürliche Materialien wie Perlmutt, das auch für Einlegearbeiten verwendet wird. Bei Kampfmessern oder Überlebensmessern werden Kunststoffe wie G-10, Micarta oder Kraton verwendet, die überaus zäh sind. Die Griffschalen können verstiftet, aufgeschraubt, geklebt oder anderweitig an dem Metall des inneren Rahmens angebracht sein. Bei manchen Konstruktionen (wie zum Beispiel dem klassischen Messer mit Klingenverschluss, dem Buck 110) befindet sich an beiden Enden des Griffes eine Backe aus Metall, manchmal aber auch nur auf der Seite, die den Achsstift hält. Diese Backen verleihen dem Griff zusätzliche Festigkeit, besonders an den stark belasteten Stellen.

Manche Messer haben auch keine Griffkonstruktion mit Beilageplatten. Stattdessen vertraut man hier auf die Widerstandsfähigkeit des Griffmaterials. Die Griffe solcher Messer sind deswegen auch fast immer aus Metall gemacht (wie zum Beispiel das Sebenza von Chris Reeve mit Griffen aus Titan oder das K.I.S.S. von CRKT aus Stahl). Es gibt auch einige solcher Messer mit Griffen aus sehr zähem und widerstandsfähigem modernem Kunststoffmaterial, so zum Beispiel das «Land & Sea Rescue» von Cold Steel.

Bei der Auswahl des Griffmaterials sollten eigentlich dieselben Regeln gelten wie für die Klinge, wichtig ist der geplante Verwendungszweck des Messers. Da könnte man meinen,

Unten: Das «Buck 110» ist ein Klassiker unter den Klappmessern, es hat eine Rückenhebelsicherung, eine Klinge mit aufgebogener Spitze, Rückenplatten aus Stahl mit aufgesetzten Griffschalen aus Hartholz und Backen aus Messing. Dieser Messertyp wurde von vielen anderen Herstellern kopiert und ist auch heute noch ein beliebtes Taschenmesser.

Oben: Das französische Klappmesser von Opinel mit seinem Holzgriff ist ein ganz einfach konstruiertes Messer. Es hat keine Feder zur Arretierung, sondern es wird von Hand einfach eine Metallhülse über die Klinge geschoben, um sie zu sichern.

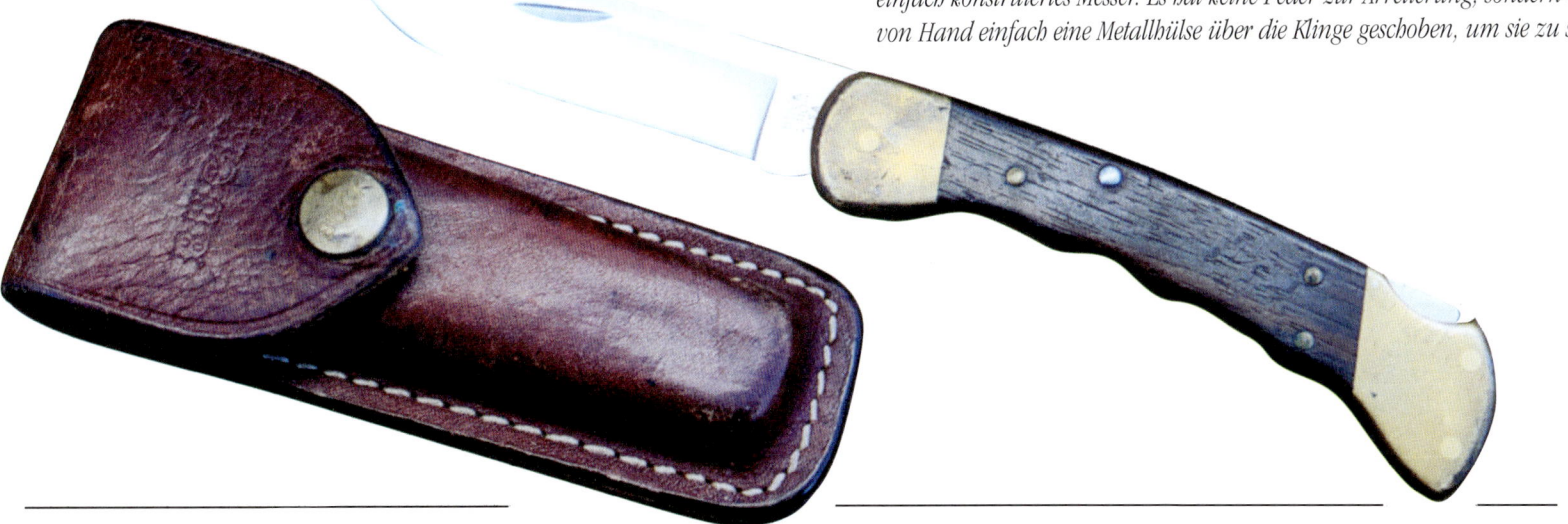

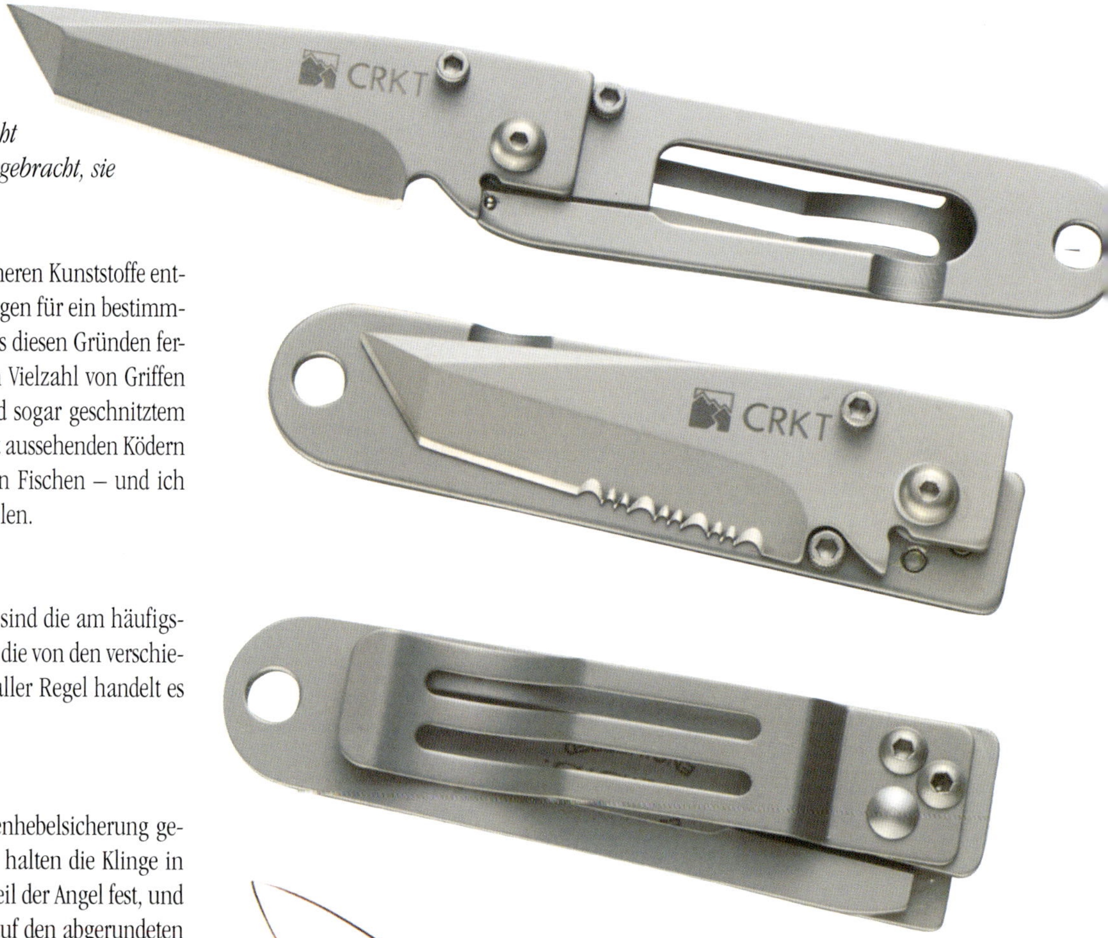

MESSER

Rechts: Das Klappmesser «K.I.S.S.» von CRKT hat keine separaten Griffschalen, stattdessen hat es einen Ganzmetallrahmen, der gleichzeitig als Griff fungiert und in dem auch der Mechanismus der Klingensicherung untergebracht ist. Im eingeklappten Zustand ist die Klinge nicht im Griff untergebracht, sie liegt flach auf dem Griff bzw. Rahmen auf.

dass sich heute eigentlich jeder für die neuen, geradezu bombensicheren Kunststoffe entscheidet. In Wirklichkeit ist es aber so, dass viele von uns sich deswegen für ein bestimmtes Messer entscheiden, weil es ihnen einfach gefällt. Und genau aus diesen Gründen fertigen die Messermacher nach wie vor ihre Messer mit einer bunten Vielzahl von Griffen aus Perlmutt, Hirschhorn, Knochen, exotischen Hölzern, Horn und sogar geschnitztem Elfenbein vom Mammut. Das ist ungefähr so wie bei bestimmten gut aussehenden Ködern beim Angeln, diese gefallen den Anglern manchmal besser als den Fischen – und ich weiss, wovon ich rede, denn ich bin selbst schon oft genug reingefallen.

KLINGENVERSCHLÜSSE

Die nachfolgend beschriebenen Systeme für den Klingenverschluss sind die am häufigsten verwendeten. Es gibt noch viele andere ungewöhnliche Systeme, die von den verschiedenen Herstellern oder Messermachern verwendet werden, aber in aller Regel handelt es sich dabei nur um Varianten der hier beschriebenen Typen.

RÜCKENHEBELSICHERUNG

In geschlossener Stellung und beim Öffnen funktioniert die Rückenhebelsicherung genauso wie bei einem Klappmesser mit Rückenfeder. Beide Systeme halten die Klinge in der eingeklappten Stellung im Griff durch Druck auf den geraden Teil der Angel fest, und wenn die Klinge herausgeklappt wird, übt die Sicherung Reibung auf den abgerundeten Teil der Angel aus, der sich um den Achsstift dreht. Der grosse Unterschied zwischen beiden Systemen kommt zum Tragen, wenn die Klinge ganz aufgeklappt ist. Bei einem Messer

Unten: Eine in mittlerer Stellung angebrachte Rückenhebelsicherung an einem Messer vom Typ «Cascade» von CRKT.

Rechts: Dieses Klappmesser von Ibberson hat eine Rückenhebelsicherung, die Sperre befindet sich in der hinteren Backe. Die Ähnlichkeit mit dem Messer 110 von Buck ist nicht zu übersehen.

Das Klappmesser «Buck Select» ist ein ungewöhnliches Messer, denn eine Klinge hat eine normale Rückenfedersicherung, während die andere Klinge mit einer Rückenhebelsicherung verriegelt ist.

so die Klinge, so dass sie nicht mehr eingeklappt werden kann. Das ist eine extrem kräftige Verschlussart, allerdings muss sie richtig verriegelt sein. Um das sicherzustellen, schneiden die meisten Hersteller eine steile Schulter in das flache Ende der Angel ein, durch welche die Feder eine Führung bekommt und in die sie einrasten kann. Dadurch besteht ausreichender Oberflächenkontakt zwischen den beiden Komponenten, selbst wenn das Messer nach längerem Gebrauch Verschleisserscheinungen zeigen sollte.

Um die Klinge zu entriegeln, wird der Rücken der flachen Feder vom Ende der Angel zurückgedrückt (das Ende der Feder ist normalerweise eingefräst, damit das leichter geht), nun ist die Klinge entriegelt und kann auf ihrer Achse in die geschlossene Stellung geschwenkt werden. Um diesen Vorgang noch einfacher zu machen, haben manche Hersteller einen Knopf auf der Griffschale des Messers angebracht, der die Verriegelung auf Knopfdruck hin löst. Im Gegensatz zur Rückenhebelsicherung oder zur Schiebesicherung gibt es hier keine Rückenfeder oder Sperrstange, die ständig Druck auf die Angel ausübt, deswegen lässt sich die Klinge eines Messers mit dieser Art der Sicherung unglaublich leicht öffnen und schliessen. Da aber keine Federkraft vorhanden ist, musste eine andere Methode gefunden werden, um die Klinge in eingeklappter Stellung festzuhalten. Frühe Modelle hatten deswegen sogar eine Rückenfeder, deswegen waren solche Messer eigentlich mehr Klappmesser mit Rückenfeder und einer zusätzlichen Sicherung. Mittlerweile

Diese Nahaufnahme einer Seitenfedersicherung zeigt das als Feder dienende Ende der Beilageplatte in der verriegelten Stellung mit der Angel, hier wird die Klinge in der geöffneten Stellung gesperrt. Der Ausschnitt im Griff dient dazu, um durch einfaches Eindrücken der Sicherung zur Seite hin die Sperre wieder zu lösen.

mit Rückenfeder wird die Klinge durch Reibung in der geöffneten Stellung gehalten, aber sie ist nicht verriegelt. Bei der Rückenhebelsicherung ist sie das.

Beim Messer mit Rückenhebelsicherung läuft eine Stahlstange am Rücken des Messers entlang, an deren Ende sich eine rechtwinklig abstehende Klinke befindet. Diese Klinke übt ständig Druck auf die Angel der Klinge aus. Auf halber Länge der Stange befindet sich ein Achsstift, und am anderen Ende der Klinke ist eine Feder angebracht, die nach oben gegen die Stange drückt.

Wenn die Klinge ausgeklappt ist, fällt die Klinke in eine entsprechend geformte Aussparung an der Angel und verriegelt so die Klinge in ihrer Stellung. Die Klinge bleibt so lange in dieser Stellung, bis der Benutzer die Verriegelung löst. Das geschieht normalerweise durch Drücken auf das Ende der Stange, die sich auf ihrem Achsstift bewegt und so die Klinke aus der Aussparung hebt. Dadurch wird die Klinge freigegeben und kann auf ihrem Achsstift wieder in den Griff eingeklappt werden. Die Sicherungsstange bei diesem System kann genauso lang wie der Griff des Messers sein, aber es gibt auch Ausführungen, die nur halb so lang sind. Das ist bei einigen Messern von Cold Steel und CRKT der Fall.

SEITENHEBELSICHERUNG

Bei der Seitenhebelsicherung ist eine der beiden Metallplatten oder Beilageplatten, welche die beiden Griffe des Messers halten und die Klinge in der eingeklappten Stellung umschliessen, so ausgeschnitten, dass der ausgeschnittene Teil einen Streifen bildet. Dieser Streifen ist nach innen gebogen, so dass er eine flache Feder bildet. Die Angel der Klinge ist an der Unterseite eckig ausgeführt, während sie bei der Rückenhebelsicherung abgerundet ist. Der Grund dafür ist folgender: Wenn die Klinge ganz ausgeklappt ist, springt die flache Feder der Seitenhebelsicherung hinter das eckige Ende der Angel und blockiert

Messer

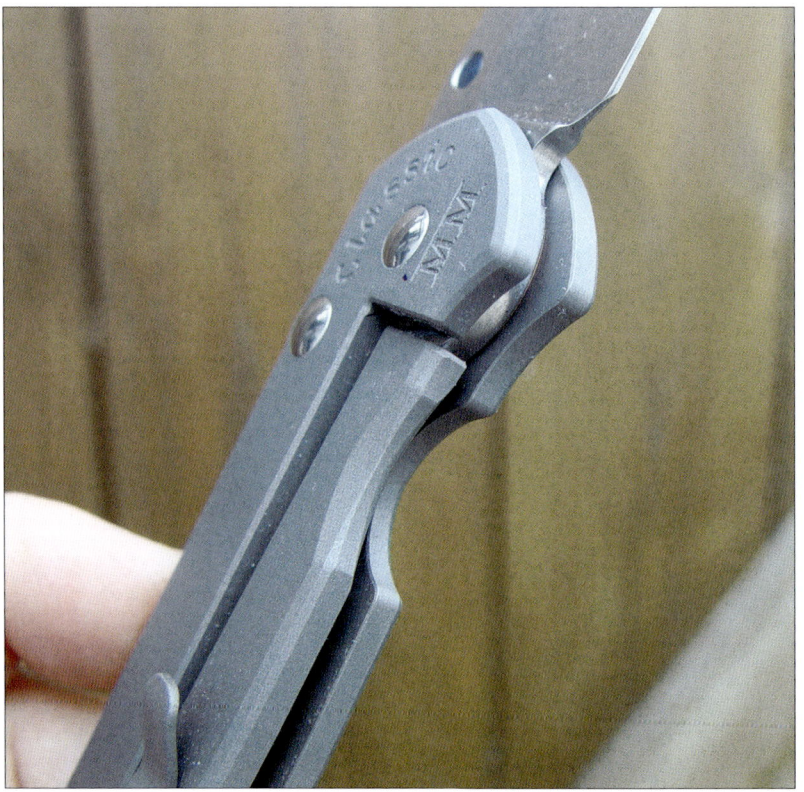

Die Seitenfedersicherung am Messer «Sebenza» von Chris Reeve wird durch einen Abschnitt der Griffplatte aus Titan gebildet – das ist eine sehr robuste Verriegelung.

hat man fast immer die Rückenfeder durch eine Kugelsicherung ersetzt. Dabei wird eine kleine Stahlkugel mit einer Feder in eine entsprechend geformte Aussparung an der Angel gedrückt. Dadurch bleibt die Klinge fest eingeklappt, aber der Druck dieser Sicherung lässt sich leicht durch etwas Daumendruck auf eine Öffnungshilfe am Ende der Klinge lösen, wobei diese Vorrichtung normalerweise am Griffrücken angebracht ist. Dadurch kann man die Klinge sehr schnell mit nur einer Hand ausklappen. Obwohl diese Kugelsicherung ohne jeden Zweifel gut funktioniert, kann die Klinge doch versehentlich ausgeklappt werden, wenn das Messer zum Beispiel hinfällt. Noch unangenehmer ist es natürlich, wenn das Messer versehentlich in der Hosentasche aufklappt. Um das zu verhindern, haben manche Hersteller einen Federbügel an der Seite des Messers angebracht, an dem sich der Achsstift befindet. Selbst wenn die Kugelsicherung versagt, zeigt die Spitze der Klinge nach unten und kann deswegen weniger Schaden anrichten, wenn der Benutzer in seine Tasche greift, um das Messer herauszuholen. Trotz dieser potentiellen Probleme überwiegen die Vorteile der Seitenhebelsicherung bei weitem, und diese Bauweise ist mittlerweile sowohl bei Herstellern als auch Benutzern überaus beliebt geworden.

Sebenza-Sicherung

Bei dieser Sicherung handelt es sich um eine verbesserte Seitenhebelsicherung, die von Chris Reeve entwickelt wurde. Sie entspricht im Prinzip der Seitenhebelsicherung, aber das damit ausgestattete Messer hat gar keinen Seitenhebel! Stattdessen wird bei diesem Typ einfach ein Abschnitt der Griffplatte aus Titan als Feder verwendet. Man kann sich vorstellen, dass diese Art der Sicherung sehr kräftig ist. An der als Feder fungierenden Griffschale befinden sich zwei Ausschnitte, die dazu dienen, der Sperre eine gewisse Beweglichkeit zu geben, genauso viel, um dem Benutzer das Öffnen der Sperre zu ermöglichen. Obwohl diese Art der Sicherung ursprünglich für das Klappmesser «Sebenza» von Chris Reeve gefertigt wurde, taucht diese Bauart jetzt auch an anderen Messern auf.

Sicherung durch Drehfassung

Das ist ein einfaches Sicherungssystem, das aus einer eingeschnittenen Hülse oder Drehfassung am Übergang zwischen Griff und Klinge besteht. Aufgrund des Schlitzes oder Einschnittes kann die Klinge durch die Hülse ausgeklappt werden, wird die Hülse gedreht, ist die Klinge gesichert. Die Hülse ist innen entwas angeschrägt und kann dadurch festgeklemmt werden. Das französische Opinel-Messer ist ein gutes Beispiel für ein Klappmesser mit einer Drehfassungs-Sicherung. Ohne diese Sicherung wäre dieses Messer ein einfaches, billiges «Groschenmesser», da keine Feder vorhanden ist.

Ringsicherung

Diese Art der Sicherung findet sich an spanischen Klappmessern vom Typ Navaja und einigen anderen Messertypen aus dem Mittelmeerraum, Südamerika und afrikanischen Ländern. Bei dieser Sicherung handelt es sich um eine aussen liegende Blattfeder, die so geformt ist, dass sie um den Griff herum liegt, sie ist mit einem Stift gesichert. Am Übergang von Griff und Klinge befindet sich ein Ring. Die Feder ist am Ende mit einer Bohrung versehen, in die ein Stift am Ende der Angel eingreift. Um die Sperre zu lösen, wird der Ring am Ende der Feder gezogen, dadurch wird der Stift aus der Angel gezogen und die Klinge kann jetzt eingeklappt werden.

Riegelsicherung

Diese patentierte Sicherungskonstruktion stammt von Blackie Collins und wird von den Herstellern Gerber und Meyerco für verschiedene Messertypen verwendet. Wenn die Klinge ausgeklappt ist, hält ein unter Federspannung stehender Stift im Messerinneren die Klinge fest. Um die Sperre zu lösen, wird ein Schiebeknopf an der Seite des Messers bedient und die Klinge auf normale Weise eingeklappt.

Das Messer «CR Sebenza Classic 2000» ist in Ganzmetallbauweise gefertigt, der Griff besteht aus Titan, während die Klinge aus Stahl der Sorte S30V gefertigt ist.

Drei antike Navaja-Messer – diese traditionellen spanischen Messer haben eine Verriegelung, die mit einem aussen liegenden Ring betätigt wird.

Unten: Bei der von Blackie Collins entwickelten Riegelsicherung wird die Sperre durch einen Schieber auf dem Griff betätigt – hier wird ein Messer von Meyerco mit dieser Sicherung gezeigt, aber sie wird auch bei Messern von Gerber verwendet.

MESSER

Oben: Der Verschluss «Neeleylock» erfordert von seinem Benutzer etwas Geschicklichkeit und Fingerfertigkeit, aber wenn man das einmal richtig geübt hat, dann funktioniert es gut.

Unten: Diese Schmetterlingsmesser haben einen Verschluss der Bauart Bali-Song. Die Konstruktion stammt ursprünglich aus Südostasien, dabei dienen die beiden aufgeklappten Griffhälften als Griff. Bei einigen Behörden wird diese Bauart eines Klappmessers nicht gern gesehen und in manchen Ländern sind solche Messer sogar verboten.

NEELEY-SICHERUNG

Diese Sicherung findet sich an einigen Timberlite-Messern. Sie unterscheidet sich von anderen Konstruktionen dadurch, dass der gesamte Mechanismus im Bereich des Achsstiftes der Klinge liegt. In der eingeklappten Stellung wird die Klinge etwas nach hinten gezogen, dazu wird ein am Klingenrücken angebrachter Knopf betätigt, dann wird sie ganz normal ausgeklappt. Aber wenn sie ganz ausgeklappt ist, rutscht sie ein kleines Stück in den Griff zurück. Es ist keine Bohrung an der Angel vorhanden, sondern ein Langloch, in welches der Achsstift eingreift. Dadurch kann eine entsprechend geformte Warze im Griff in eine passende Nute auf der einen Seite der Angel eingreifen und die Klinge somit verriegeln. Zum Entriegeln wird die Klinge nach oben gedrückt oder geschoben – dadurch schiebt sich das Langloch an der Angel entlang des Achsstiftes und löst die Verriegelung, die Klinge kann nun in die geschlossene Stellung zurückgeklappt werden, dort wird sie von einer weiteren Nute und einer Sperrklinke in ihrer Stellung gehalten.

BÖKER-MATIC

Diese Konstruktion findet sich an einigen Messern des deutschen Herstellers Böker. Eine der beiden Griffschalen sperrt den Mechanismus in der geschlossenen Stellung, man muss sie zur Seite drücken, um einen Schiebeknopf in einem Schlitz am Griff zu verschieben, um die Klinge aufklappen zu können. Wenn die Klinge vollständig aufgeklappt ist, wird sie in dieser Stellung verriegelt. Um die Klinge zu entriegeln, wird die Griffschale wieder zur Seite gedrückt, dann klappt die Klinge unter Federdruck wieder in den Griff ein.

BALI-SONG

Dieser Messertyp wird auch Schmetterlingsmesser genannt. Der zweiteilige hohle Griff nimmt die Klinge auf, wenn sie eingeklappt ist. Am Ende des Griffes befindet sich eine Überwurfsicherung oder Rückensicherung mit einer Stange, die beide Griffteile miteinander verriegelt hält. Jeder der beiden Handgriffe ist einzeln mit der Klinge mit einem Achsstift verbunden. Zum Öffnen der Klinge wird die Sperre gelöst und die Griffe werden um 180 Grad herumgeschwenkt, um die Klinge freizulegen. Die beiden Griffhälften werden durch einen fest an der Angel angebrachten Stift zusätzlich festgehalten. Dann wird die Sperre oben am Griffende wieder eingelegt.

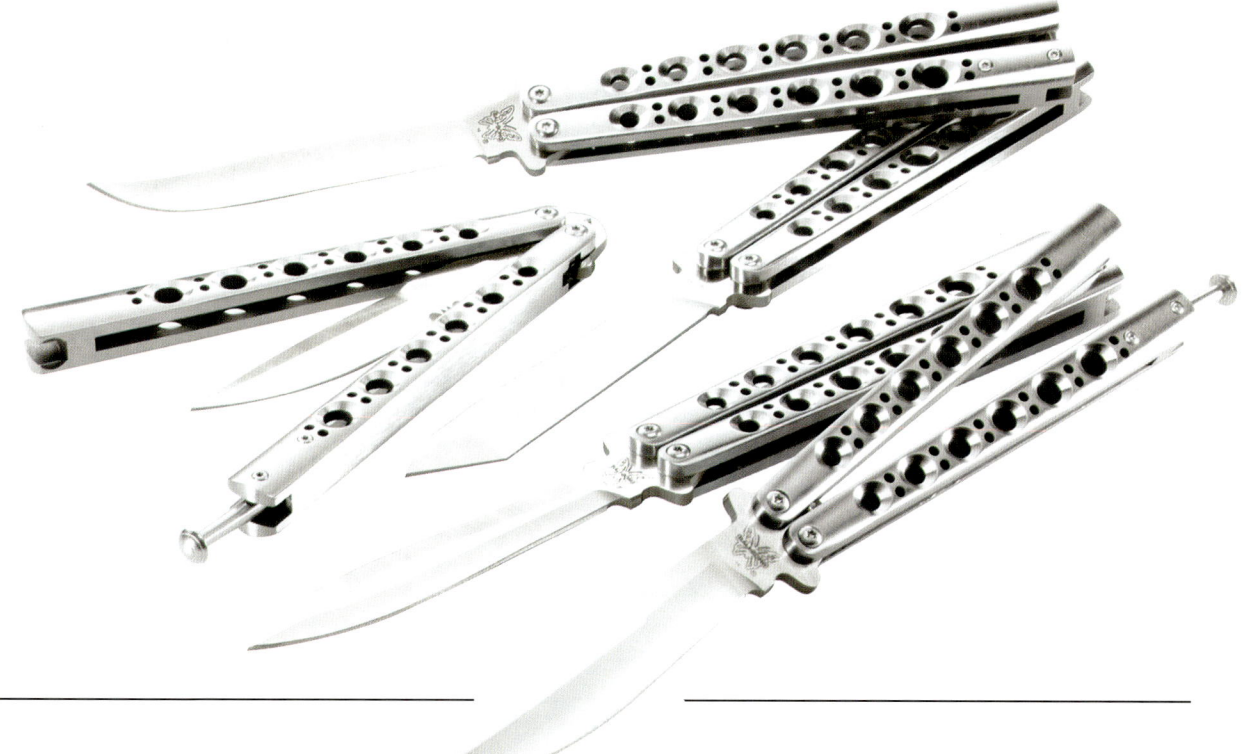

EIN MESSER VON SPYDERCO

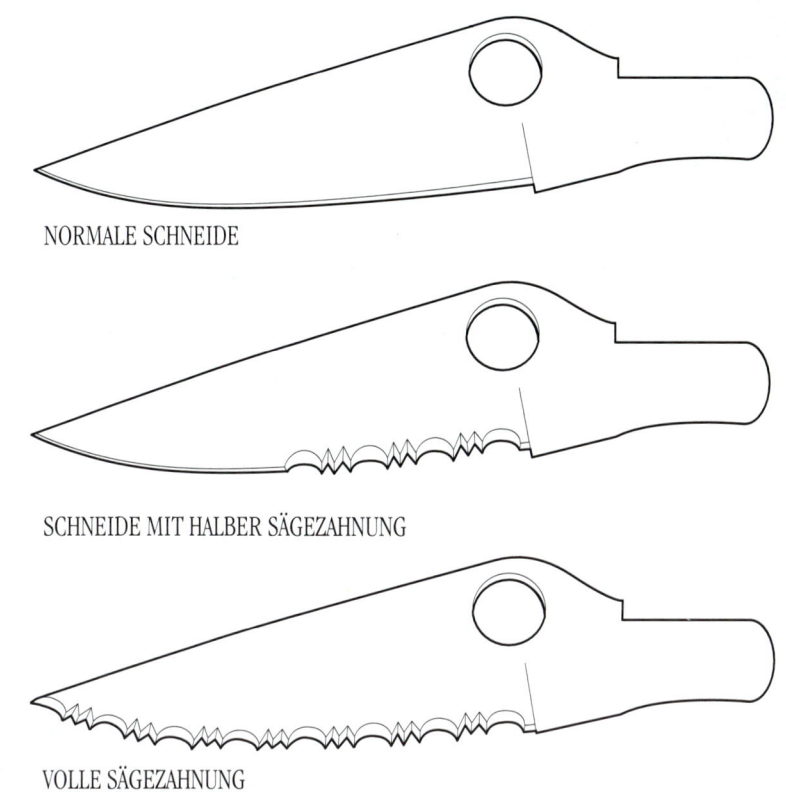

NORMALE SCHNEIDE

SCHNEIDE MIT HALBER SÄGEZAHNUNG

VOLLE SÄGEZAHNUNG

Klingen mit Sägezahnung haben sich bei fest stehenden Messern nie richtig durchgesetzt, aber bei Klappmessern sind sie dagegen weitaus beliebter. Einer der Hauptgründe dafür dürfte die Einführung der Serie «Clipit» von Spyderco vor ungefähr 20 Jahren sein. Diese Klappmesser waren mit normaler oder gezahnter Klinge lieferbar, und es stellte sich schon sehr bald heraus, dass die Version mit gezahnter Klinge für ihre Grösse hervorragende Schneideeigenschaften bot. Dieser Klingentyp war zwar keine Erfindung von Spyderco, aber besonders die Variante mit Schneide und Sägezahnung war überaus wirksam und vielseitig verwendbar. Zwar schnitt es nicht so sauber wie eine normale Klinge, und man konnte es auch nicht zum Abhäuten oder für andere feine Schneidearbeiten nehmen, aber diese Klinge war auch nach langer Zeit immer noch scharf, wenn normale Klingen schon lange stumpf und damit nicht mehr brauchbar waren.

Das Sägeblatt war nicht die einzige Attraktion. Das Messer von Spyderco hatte einen Buckel auf dem Klingenrücken und ein Loch in der Klinge – jawohl, es war mit Absicht so gemacht. Das sah nicht schön aus, aber dank dieser beiden Teile konnte man das Messer mit einer Hand öffnen, und das war gegenüber anderen Klappmessern ein grosser Vorteil. Als Bauarbeiter und Stahlbauer brauchte ich bei meiner Arbeit ständig ein Messer, aber ich zog es natürlich vor, mich immer mit einer Hand festzuhalten, wenn ich hoch über der Erde arbeitete. Ehe ich mir selber ein Clipit zugelegt hatte, musste ich ein fest stehendes Messer in einer Scheide führen, und einige Kollegen hatten sogar ein verbotenes Springmesser, das eigentlich für diese Art von schweren Aufgaben überhaupt nicht geeignet war, aber man konnte es mit einer Hand bedienen.

Das Clipit wurde ausserdem mit einem Gürtelclip aus Stahl geliefert – kein Wunder bei seinem Namen, denn der heisst auf deutsch einfach «mach es mit dem Clip dran» – und damit konnte man es viel sicherer tragen. Man konnte das Messer fest an die Innenseite der Hosentasche befestigen, während man herumkletterte, und trotzdem war es immer gleich zur Hand, wenn man es brauchte. Mit dem Clipit-Messer konnte man sogar Seile und Segeltuchplanen durchschneiden, als wären sie aus Butter.

Heutzutage gibt es viele Messer mit gezahnten Klingen, die einhändig zu bedienen sind und einen Trageclip aus Federstahl haben – aber wer einmal ein Clipit hatte, der hat einfach eine Vorliebe für dieses kleine Messer, auch wenn es nicht sehr schön aussieht.

Messer als Werkzeuge

Nachdem die Messermacher damit begonnen hatten, ein Klappmesser mit zwei Klingen zu versehen, dauerte es nicht mehr lange, bis sie neben der eigentlichen Klinge zum Schneiden auch noch Werkzeuge für andere Aufgaben mit anbrachten. Wahrscheinlich war das erste zusätzliche Werkzeug eine einfache Ahle oder Dorn, mit dem man Löcher bohren oder den man als Hebel verwenden konnte. Zu einer Zeit, als der Grossteil der Bevölkerung noch in der Landwirtschaft arbeitete und Pferde das Haupttransportmittel bildeten, war der Dorn die sinnvollste Ergänzung zur Klinge. Damit konnte man Löcher in Stoff oder Leder bohren, man konnte die Hufe der Pferde damit reinigen, Tauwerk aufspleissen und andere Arbeiten ausführen, bei denen ein spitzer Dorn von Nutzen war.

Als im Verlauf der Jahre die Herstellungsverfahren immer besser wurden, kamen immer weitere Werkzeuge zu den Klappmessern hinzu, manchmal auf demselben Achsstift wie die Hauptklinge, manchmal auf getrennten Achsstiften am anderen Ende des Messers. In bestimmten Fällen wie zum Beispiel bei einigen Reitermessern, die Mitte bis Ende des 19. Jahrhunderts bei den feineren Herrschaften recht beliebt waren, befanden sich die Werkzeuge auf drei Achsstiften. Der dritte Stift war auf dem Rücken des Messers angebracht. Es war bei diesen Messern nicht ungewöhnlich, wenn sie fünf oder noch mehr Werkzeuge hatten, dazu gehörte natürlich eine Klinge zum Schneiden und normalerweise eine Säge, eine Lanzette (zum Blutabnehmen), ein Dorn und eine Ahle. Zusätzlich konnten noch weitere Werkzeuge wie weitere Messerklingen, ein Korkenzieher, eine Lederahle, ein Handbohrer, ein Büchsenöffner und so weiter vorhanden sein, und es gab sogar abnehmbare Werkzeuge wie einen Schraubendreher oder einen Zahnstocher.

Weitere Taschenmesser in Sonderausführungen wurden für Sportler und Handwerker hergestellt. Eines der frühesten davon war das Anglermesser, normalerweise mit einer sehr schlanken Klinge und einer Kombination aus Lineal, Entschupper und Hakenlöser, manchmal war sogar ein kleiner Haken vorhanden, der als Gaff verwendet werden konnte. Ein weiterer Klassiker ist das Messer für Segelmacher, Matrosen oder Segler, das in verschiedenen Ausführungen bis heute gefertigt wird. Dieses Messer hat normalerweise eine Klinge mit abgerundeter Spitze, einen Marlspieker genannten Dorn und einen Schlüssel zum Lösen von Schäkeln.

Das erste praktische Mehrzweckwerkzeug als Kombination aus Messer und Werkzeug, das ich besass, war ein britisches Militärmesser aus dem Jahre 1950. Es war hervorragend für den Einsatz im Freien geeignet. Es hatte eine Klinge mit stumpfer Spitze, ein als Büchsen- und Flaschenöffner verwendbares Kombinationswerkzeug, einen Marlspieker (ein Begriff aus der Seemannssprache, ein auch Ahle, Pfriem, Pike oder Stecher genannter Dorn) und einen Schraubenzieher mit breiter Klinge, der durch eine Verlängerung der Grundplatte gebildet wurde. Das Messer hatte schwarze geriffelte Kunststoffgriffe, einen gespritzten Knauf und eine Trageöse aus einem Stahlring. Varianten dieses Messers gab es schon vor dem 1. Weltkrieg, und einige Ausführungen werden auch heute noch gefertigt. Ich habe mir vor kurzem eine moderne Ausführung des britischen Militärmessers gekauft, das bei Joseph Rodgers in Sheffield gefertigt wurde. Mittlerweile wird das Messer ganz aus Edelstahl gefertigt und hat eine Klinge mit Sicherung, aber den Marlspieker gibt es nicht mehr, und Kunststoffgriffe sind auch nicht mehr vorhanden. Dadurch wird das Messer schlanker und leichter, aber ich ziehe immer noch die alte Version mit dem Marlspieker vor, denn der ist sehr nützlich.

Dieser in der Seefahrt «Marlspieker» genannte Dorn war eines der wichtigsten Werkzeuge an einem Taschenmesser, als die Hauptlast des Transportwesens noch auf den Pferden und auf Segelschiffen ruhte – auch heute noch können Segler oder andere viel im Freien arbeitende Personen dieses Werkzeug sehr gut gebrauchen.

MESSER ALS WERKZEUGE

Taschenmesser mit einer Reihe von Klingen für viele Zwecke gibt es nachweislich schon seit dem frühen 19. Jahrhundert. Das hier gezeigte antike Modell hat (im Uhrzeigersinn von links) eine Hauptklinge, einen Korkenzieher, einen Bohrer, eine Ahle, einen Dorn, ein Federmesser, eine Schraubendreherklinge und eine Feile.

Ein Anglermesser aus der Mitte des 20. Jahrhunderts, das für den Angelgeräte-Grosshändler Pegley-Davies gefertigt wurde. Es besitzt (im Uhrzeigersinn von links) einen Hakenlöser, einen Korkenzieher, eine Messerklinge, eine Schere, einen mit einem Schraubendreher kombinierten Flaschenöffner, einen Massstab auf dem Griff und einen Büchsenöffner.

Dieses Mehrzweckmesser aus dem 19. Jahrhundert war auch als Reitermesser bekannt. Es hat Griffschalen aus Kuhhorn und die folgenden Funktionen (im Uhrzeigersinn von links): eine Hauptklinge, einen Hufreiniger, einen Korkenzieher, einen Holzbohrer, eine vernickelte Fangschnuröse, einen Dorn, einen Büchsenöffner, einen Flaschenöffner, eine Schere und eine flache Ahle.

MESSER ALS WERKZEUGE

Linke Seite: Dieses aus den frühen 50er Jahren stammende britische Armeemesser hat Kunststoffgriffschalen mit Fischhaut, eine Klinge mit stumpfer Spitze, einen Marlspieker (Dorn), einen mit einem Flaschenöffner kombinierten Büchsenöffner und eine Fangschnuröse.

Unten: Das ursprüngliche schweizerische Armeemesser aus dem Jahre 1891 mit einem Schraubendreher, einem Federmesser, einer Ahle und einem Büchsenöffner.

Oben: Die moderne Version des britischen Armeemessers von der Fa. Joseph Rodgers aus Sheffield. Es ist ganz aus rostfreiem Edelstahl gefertigt und hat eine Klinge mit Klingensicherung.

Die ursprüngliche Offiziersausführung des schweizerischen Armeemessers war eine Verbesserung des Soldatenmessers, es besass zusätzlich eine kleine Messerklinge und einen Korkenzieher.

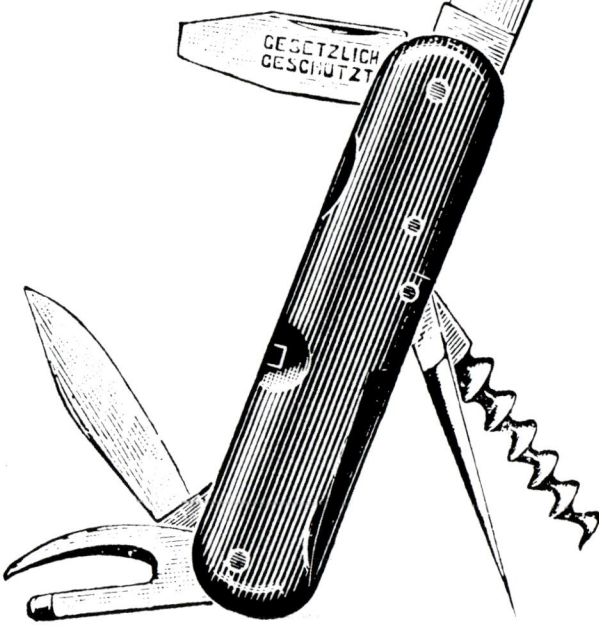

SCHWEIZERISCHE MILITÄRMESSER

Das wohl berühmteste aller Kombinationswerkzeuge ist das schweizerische Militärmesser oder Armeemesser, das aus dem Jahre 1886 stammt. Damals beschloss die Führung der schweizerischen Armee, jeden Soldaten mit einem Diensttaschenmesser auszurüsten. Im Jahre 1889 gab die Armee ein neues Dienstgewehr aus, das Schmidt-Rubin hiess, gleichzeitig machte man eine Ausschreibung für die Beschaffung eines Mehrzweckmessers, das als Zubehör zum Gewehr dienen sollte. Die staatliche Waffenfabrik lehnte den Auftrag ab, aber ein schweizerischer Messermacher namens Karl Elsener (aus dessen Firma das bekannte Unternehmen Victorinox hervorging) begann zusammen mit anderen Mitgliedern der schweizerischen Messermachergilde mit den Entwürfen für ein Klappmesser für die Armee. Da aber der Umfang des Auftrages zu gross war, ging ein Teil der Arbeiten an deutsche Messermacher in Solingen.

Gegen Ende des Jahrhunderts begann eine Firma mit dem Namen Paul Boechat und Cie., aus der später die Firma Wenger hervorgehen sollte, ebenfalls mit der Fertigung des schweizerischen Armeemessers, für das man einen Fertigungsauftrag erhalten hatte. Im Jahre 1908 teilte die schweizerische Regierung den Fertigungsauftrag für das Armeemesser zu gleichen Teilen unter Elsener und Wenger auf. Beide Firmen erhielten die Erlaubnis, das Schweizerkreuz auf dem Griff als Markenzeichen zu verwenden. Und deswegen ist die Werbung der beiden Firmen vollkommen korrekt, Wenger behauptet nämlich, der Hersteller des «echten schweizerischen Armeemessers» zu sein, während Victorinox dagegenhält und sich als den Hersteller des «Original schweizerischen Armeemessers» bezeichnet. Beide Behauptungen stimmen.

Zur ursprünglichen Ausführung des Soldatenmessers gehörten eine Messerklinge, ein Dorn oder eine Ahle, ein Schraubendreher und ein Büchsenöffner. Elsener entwickelte ein leichteres Modell unter der Bezeichnung «Offiziersmesser», das alle Werkzeuge

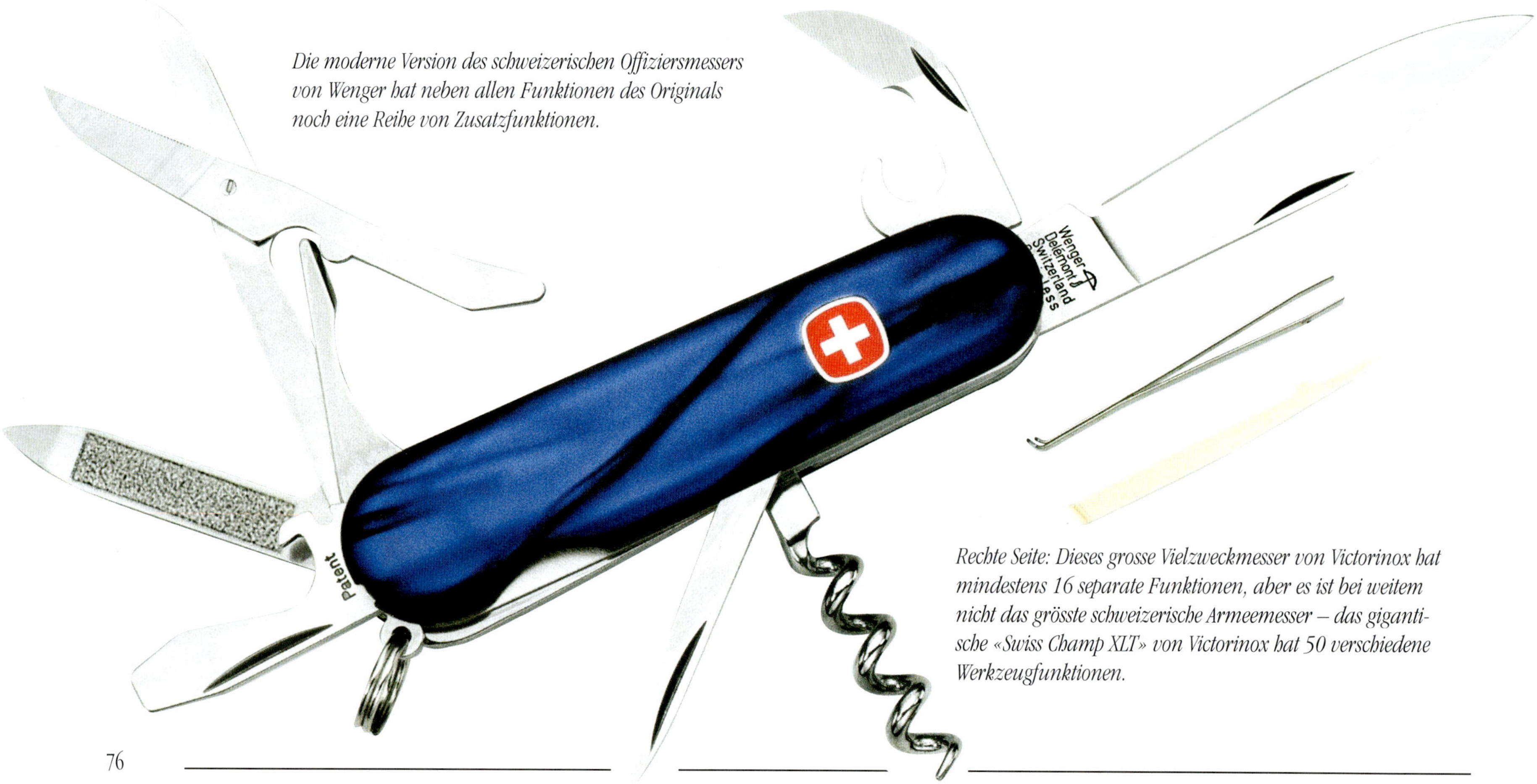

Die moderne Version des schweizerischen Offiziersmessers von Wenger hat neben allen Funktionen des Originals noch eine Reihe von Zusatzfunktionen.

Rechte Seite: Dieses grosse Vielzweckmesser von Victorinox hat mindestens 16 separate Funktionen, aber es ist bei weitem nicht das grösste schweizerische Armeemesser – das gigantische «Swiss Champ XLT» von Victorinox hat 50 verschiedene Werkzeugfunktionen.

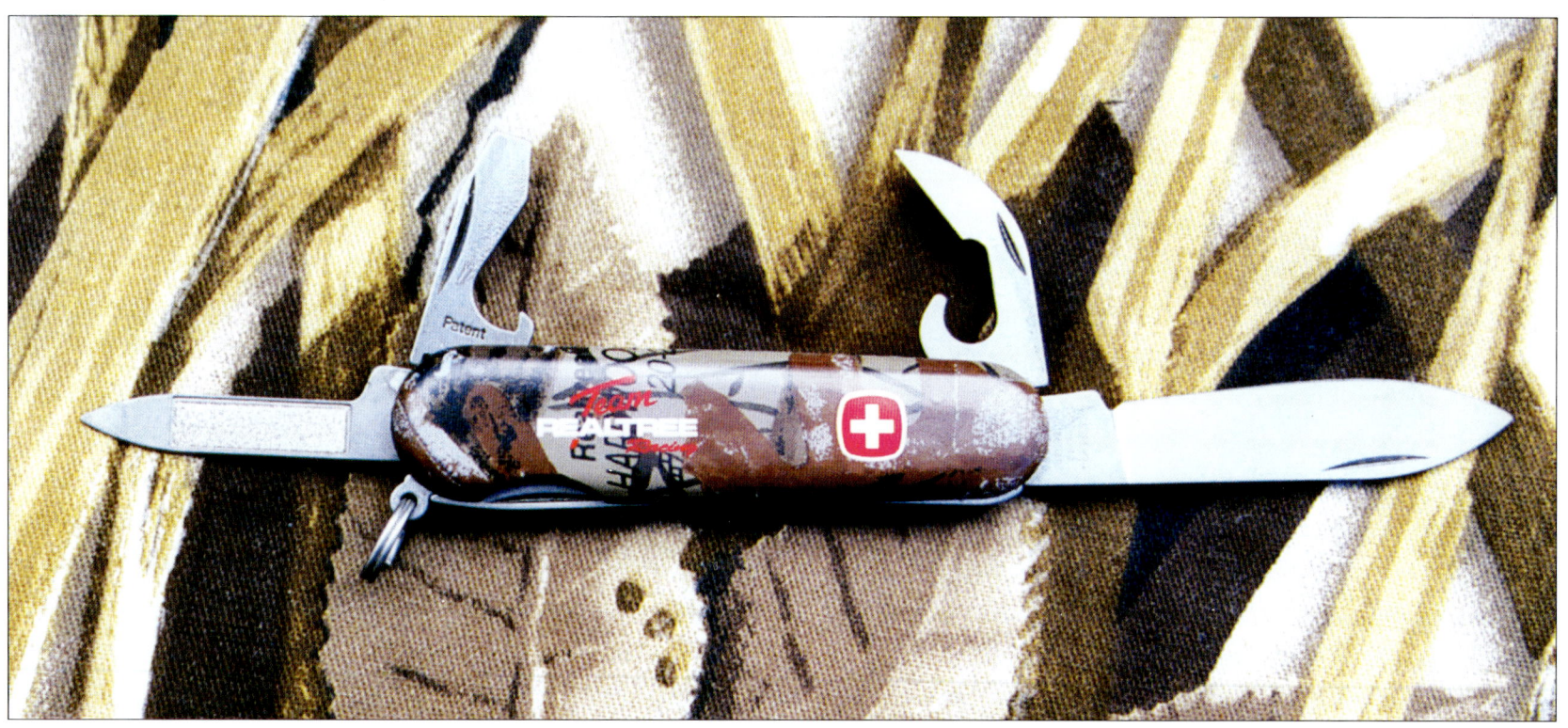

Oben: Auch beim schweizerischen Armeemesser geht man mit der Zeit. Dieses Messer von Wenger hat Griffschalen mit Tarnmuster und seidenmatte Klingen.

des Soldatenmodells aufwies, aber zusätzlich noch eine kleine Messerklinge und einen Korkenzieher besass. Dieses letztgenannte Modell und die Abarten davon wurden in der Folge weltberühmt und überall als das schweizerische Armeemesser bekannt. Heutzutage bieten die Hersteller Wenger und Victorinox Dutzende von unterschiedlichen Kombinationen dieses Messers an.

DANN KAMEN DIE VIELZWECKWERKZEUGE

Der Urvater aller Mehrzweckwerkzeuge ist das so genannte «Leatherman Tool». Es unterschied sich in jeder Hinsicht von den schweizerischen Mehrzweckmessern, die auch bedeutend früher auf den Markt gekommen waren. Es basierte auf einer einklappbaren Kombizange als Hauptwerkzeug und einer nützlichen Auswahl von anderen Klappwerkzeugen, die alle in den U-förmigen Teilen des Griffes untergebracht waren.
Die Kritiker in den verschiedenen Zeitschriften für Leben und Freizeit im Freien lobten dieses neue «Wunderwerkzeug» über den grünen Klee, und nachdem ich mir selbst so ein Mehrzweckwerkzeug gekauft hatte, musste ich ihnen beipflichten. Es gab nur ganz wenige Kritikpunkte an diesem Werkzeug, und die wurden von den vielen Vorteilen mehr als ausgeglichen. Die Mehrzweckwerkzeuge von Leatherman verkauften sich wie warme Semmeln, und schon bald sprangen andere Hersteller von Schneidwaren auf den schon fahrenden Zug auf und boten Mehrzweckwerkzeuge an, die im Vergleich zum Original

Rechts: Das erste Mehrzweckwerkzeug auf der Basis einer Zange war das «Leatherman». Es löste auf dem Gebiet der Taschenmesser eine kleine Revolution aus. Das hier gezeigte Werkzeug ist ein «Supertool 200».

noch weiter verbessert waren. Es gab aber auch Kopien, die keine Verbesserungen aufwiesen. Leider hat nämlich der Erfolg dieser Mehrzweckwerkzeuge dazu geführt, dass der Markt mit billigen Nachahmungen überschwemmt wurde. Und auf diesem Gebiet zählt nur wirkliche Qualität, und die ist eben teuer.

Meiner Meinung nach sind solche Mehrzweckwerkzeuge in allen Situationen nützlich, in denen man keinen normalen Werkzeugkasten mit sich führt. Das heisst natürlich nicht unbedingt, dass diese Werkzeuge nur für den Notfall geeignet sind, denn es gibt genügend Leute, die ihre Mehrzweckwerkzeuge für alltägliche Arbeiten einsetzen. Allerdings meine ich auch, dass die Auswahl von zusätzlichen Werkzeugen, die neben der Zange verfügbar sind, nur dann recht gut brauchbar sind, wenn man das entsprechende zweckgebundene Werkzeug nicht dabeihat. Wer schon einmal den Schraubendrehereinsatz an seinem Mehrzweckwerkzeug (oder seinem Taschenmesser) verwendet hat, der weiss auch, dass ein ganz normaler Schraubendreher für diese Aufgabe besser geeignet ist. Ein anderes Beispiel ist das Messer am Mehrzweckwerkzeug. Wenn man das jeden Tag benutzen muss, merkt man sehr schnell, dass es einfacher und besser wäre, wenn man sein separates Messer mit sich führte.

Der grösste Vorteil der meisten Mehrzweckwerkzeuge ist die Tatsache, dass sie um eine Zange herum aufgebaut sind, und die finde ich als Hauptwerkzeug überaus nützlich. Andere Leute wiederum werden Ihnen erzählen, dass die Zange nicht so wichtig wie die anderen Funktionen ist, aber denen sage ich immer: «Wenn Sie Werkzeuge brauchen, aber keine Zange wollen, kaufen Sie sich doch ein schweizerisches Armeemesser.»

DAS BESTE WERKZEUG FÜR ALLE ZWECKE

Wenn man sich ein Mehrzweckwerkzeug aussucht, muss man sich überlegen, für welche Aufgaben man es braucht. Dann kauft man sich ein Werkzeug, das diese Anforderungen erfüllt. Das mag etwas banal klingen, aber Sie glauben gar nicht, wie viele Leute sich Mehrzweckwerkzeuge mit Funktionen kaufen, die sie gar nicht brauchen. Für die Freizeit im Freien wie Wandern oder Camping ist ein mittelgrosses Mehrzweckwerkzeug mit den traditionellen Werkzeugen wie Messerklinge, Säge, Ahle usw. völlig ausreichend, ein kleineres Modell für die Hosentasche mit einer Schere dürfte für Leute die bessere Wahl sein, die viel im Büro arbeiten. Die grossen und schweren Mehrzweckwerkzeuge mit einer Vielzahl von Werkzeugen sind bei der Feuerwehr, im Rettungsdienst oder bei schweren Arbeiten in der Industrie angebracht.

Hier sind meine Vorschläge für ein gutes und vielseitig verwendbares Mehrzweckwerkzeug: eine Kombizange mit Abisolierteil und Seitenschneider, eine einfache Messerklinge mit abgebogener Spitze oder Mittelspitze, eine Messerklinge mit stumpfer Spitze und

Mit zunehmender Verbesserung von Material und Funktionen sind die Mehrzweckwerkzeuge auch teurer geworden. Modelle wie das hier gezeigte «44 Mag» von Smith & Wesson bieten aber auch heute noch sehr viele Funktionen zu einem erschwinglichen Preis.

Beim Mehrzweckwerkzeug «Schrade Tool» sind alle Werkzeuge so in den Griffen untergebracht, dass sie nach aussen zeigen. Sie sind also auch verfügbar, wenn die Zange eingeklappt ist.

Wellenschliff, eine Holzsäge, eine Schere, drei Schraubendreher mit grosser, mittlerer und kleiner Klinge, ein kleiner Kreuzschlitz-Schraubendreher, eine mittlere und eine feine Feile von guter Qualität, eine Ahle, ein Büchsenöffner, ein Loch oder eine Öse für eine Fangschnur und schliesslich eine wetterbeständige Tasche. Beachten Sie, dass ich keinen Korkenzieher oder einen Flaschenöffner für Kronkorken erwähnt habe. Natürlich gibt es auch Leute, für die solche Sachen sehr wichtig sind. Ich persönlich sehe sie als unwichtige Extras an, denn ich bekomme eine Flasche auch mit den anderen am Mehrzweckwerkzeug vorhandenen Werkzeugen ohne Probleme auf.

Eine Reihe von Herstellern bieten Zurüstsätze für ihre Mehrzweckwerkzeuge an. Diese bestehen meistens aus einem Satz Bits für den Schraubendreher mit flachen Klingen und Kreuzschlitzklingen und/oder aus Stecknüssen. Diese Bits kann man auf den Schaft oder Adapter am Grundwerkzeug setzen und somit den Einsatzbereich des Werkzeugs erweitern. Ich selbst möchte keine zusätzlichen Teile für mein Werkzeug haben, die davon vollständig getrennt sind – die würde ich nur verlieren. Natürlich gibt es Leute, die hier nicht meiner Meinung sind und die damit argumentieren, dass sie sich ihr Mehrzweckwerkzeug für unerwartete Situationen kaufen, und dann sollte man so viele Werkzeuge wie möglich zur Verfügung haben. Das müssen Sie selbst entscheiden. Ich kenne Leute, die tragen zwei Mehrzweckwerkzeuge bei sich oder ein Mehrzweckwerkzeug und ein Taschenmesser nach Art des schweizerischen Armeemessers, um alle Funktionen zur Verfügung zu haben, die sie brauchen. Das hat den Vorteil, dass man für bestimmte Arbeiten, die getrennte Werkzeuge erfordern, diese Werkzeuge auch zur Verfügung hat. Neulich sah ich aber einen Mann in einer Einkaufsstrasse, der hatte acht Mehrzweckwerkzeuge und Messer in kleinen Taschen an seinem Gürtel hängen. Das sah fast so aus, als trüge er den Vielzweckgürtel von Batman. Das mag ein extremer Fall sein, aber damit kommen wir auf meine anfängliche Bemerkung zurück – wenn Sie sich schon mit so vielen Werkzeugen beladen, können Sie auch gleich einen richtigen Werkzeugkasten oder eine Werkzeugrolle mitnehmen.

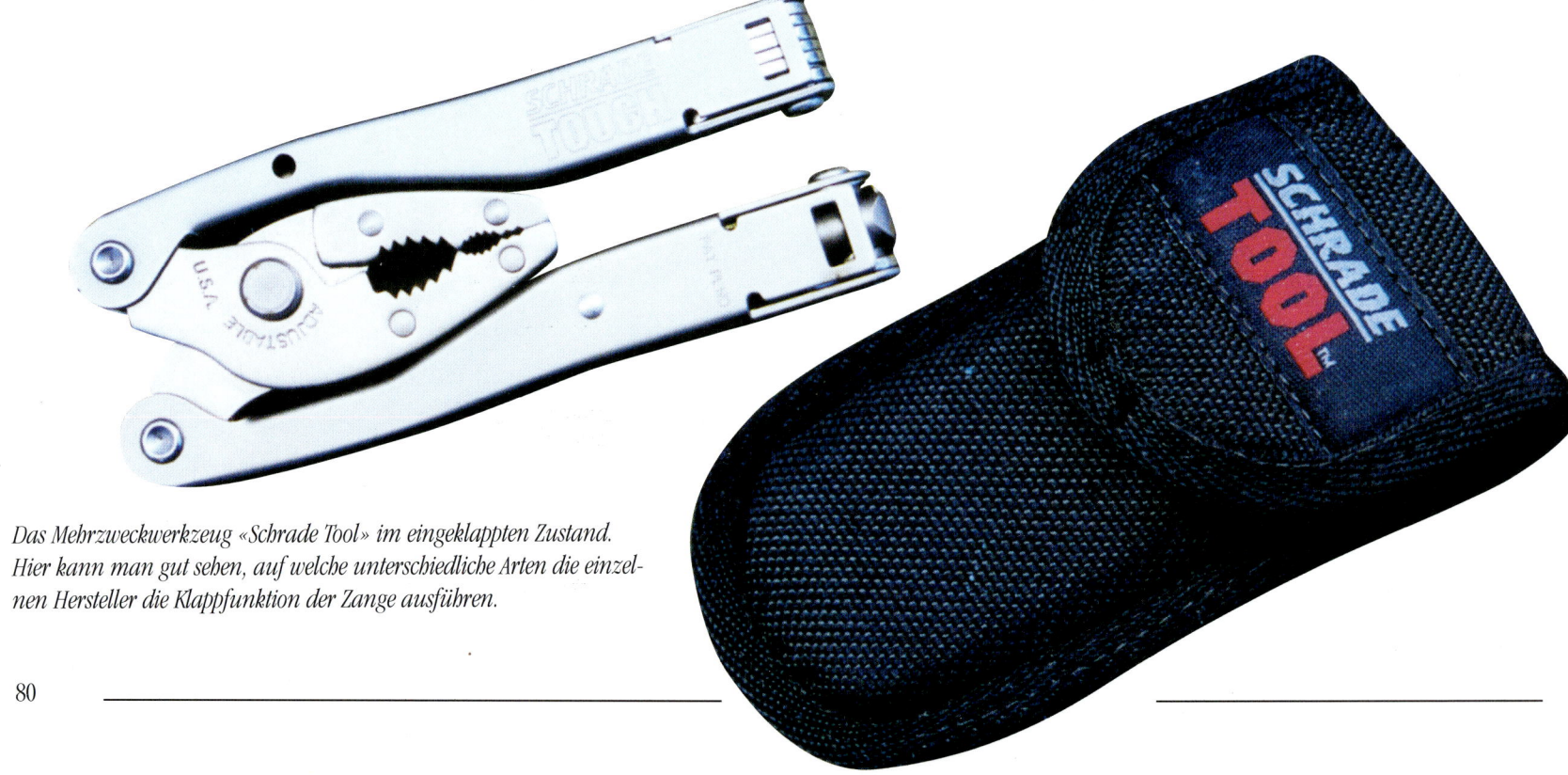

Das Mehrzweckwerkzeug «Schrade Tool» im eingeklappten Zustand. Hier kann man gut sehen, auf welche unterschiedliche Arten die einzelnen Hersteller die Klappfunktion der Zange ausführen.

MESSER ALS WERKZEUGE

Links: Das «Wave» von Leatherman ist eines der grösseren Mehrzweckwerkzeuge vom Erfinder dieses Konzeptes – wie man sieht, bietet es eine Vielzahl von Werkzeugen und Funktionen.

Rechts: Die Serie «Juice» von Leatherman gibt es in einer ganzen Reihe von auffälligen Farben, die besonders die jugendlichen Käufer anziehen sollen – das hier gezeigte Modell ist ein «C2 Storm».

WORAUF MAN ACHTEN MUSS

Wenn Sie sich für ein Mehrzweckwerkzeug entscheiden, achten Sie darauf, dass das Hauptwerkzeug auch tatsächlich dem geplanten Verwendungszweck entspricht. Das ist doch der Grund, warum sie sich für ein solches Mehrzweckwerkzeug und nicht für ein traditionelles Taschenmesser entschieden haben. Falls Sie eine Zange brauchen, achten Sie darauf, dass sie sich leicht ausklappen lässt und dass sie auch etwas aushält. Wenn die Griffe nicht kräftig genug ausgeführt sind, verbiegt sie sich beim Gebrauch, und dann kann man sie vielleicht nicht mehr einklappen. Eine weitere wichtige Überlegung ist dabei, ob sich die Werkzeuge verriegeln lassen oder nicht. Viele lassen sich durch eine Schiebesicherung sperren, oder man muss nach deren Ausklappen den Handgriff wieder schliessen. Es gibt aber auch ein paar Mehrzweckwerkzeuge, bei denen das Verriegeln der Werkzeuge nicht möglich ist, und das ist meiner Meinung nach ein ziemlicher Nachteil. Eines der besten Mehrzweckwerkzeuge stammt vom Erfinder dieser Geräte – von Leatherman. Das Modell «Wave» ist gegenüber dem ursprünglichen Werkzeug eine erhebliche Verbesserung. Es lässt sich leichter einsetzen als das ursprüngliche Modell und

Ein weiteres Modell von Leatherman ist dieses «Squirt» genannte Werkzeug. Es ist so klein, dass man es am Schlüsselbund tragen kann, dafür ist der Ring vorgesehen.

hat Werkzeuge, die man auch ohne das Öffnen der Zange verwenden kann. Die Firma Leatherman hat ausserdem die farbenprächtige, kompakte und preiswerte Modellreihe «Juice» auf den Markt gebracht, wobei jedes Modell andere Merkmale hat, die besonders für die Jugend vorgesehen sind.

Die Firma Gerber ist ganz eindeutig einer der produktivsten Hersteller von auf Zangen aufgebauten Mehrzweckwerkzeugen, und sie fertigt auch das auf einer Knarre basierende «Cool Tool» und das Vielzweckgerät «Multi-Lite». Mit ihrer Serie «Multi-Plier 600» bietet

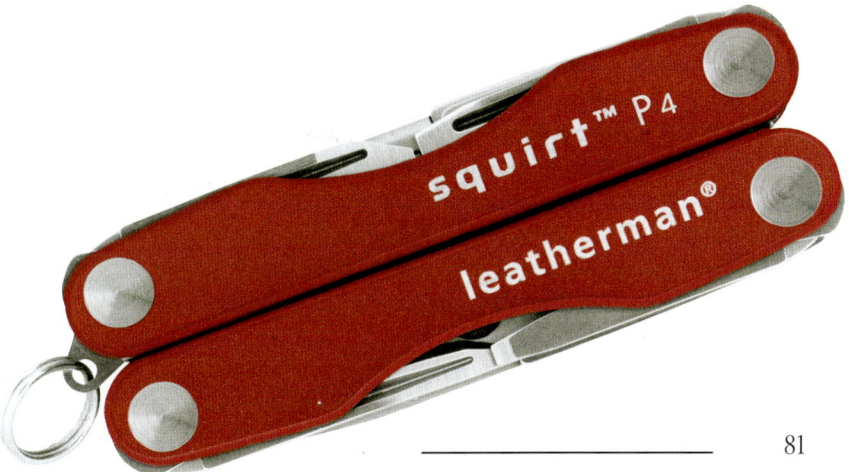

81

Links: Bei Gerber gibt es für jeden Zweck ein Mehrzweckwerkzeug – hier ein mit einer Kombizange ausgestattetes Modell 7520 in Schwarz. Es hat den Vorteil, dass jedes Werkzeug einzeln ausgeklappt werden kann.

Rechts: Das Modell 800 «Legend» von Gerber ist ein gutes Werkzeug für viele Zwecke mit einer ganzen Reihe von Funktionen und speziell geformten Griffen mit rutschfester Auflage.

sie elf verschiedene Modelle an, bei denen die Zange jeweils mit nur einer Hand geöffnet werden kann und sich die Werkzeuge verriegeln lassen. Das Modell «Compact Sport 400» hat nur drei Viertel der Grösse der 600er-Serie, während das Gerber 650 «Evolution» mit auswechselbaren Zangenköpfen (Kombizange und Flachzange sind schon erhältlich, es folgen noch eine Spezialzange für das Fischen und ein Drahtschneider) geliefert wird. Das Modell 800 «Legend» hat Werkzeuge, die auch ohne ausgeklappte Zange verwendet werden können, ausserdem ist eine kräftige Säge vorhanden und der Drahtschneider hat Backen aus Wolfram. Das Modell 700 «Urban Legend» enthält das gesamte Fachwissen des Herstellers auf diesem Gebiet, das er mit den vorangegangenen Modellen erworben hat, aber es ist doch kompakt.

Der Hersteller SOG hat jetzt eine ganze Reihe von Modellen in seinem Sortiment, aber besonders interessant ist das Mehrzweckwerkzeug «PowerLock», denn es hat eine Übersetzung, die zusätzliche Hebelkraft liefert. Laut Firmenangaben ist es zweimal so viel wie bei konventionellen Konstruktionen. Ausserdem hat dieses Werkzeug Abdeckungen, die über den Werkzeugfächern liegen, so dass diese nicht in die Hände einschneiden, wenn man mit der Zange arbeitet.

Das Mehrzweckwerkzeug von Kershaw mit dem Namen «Multi-Tool» hat eine nicht abklappbare Zange, die leicht angewinkelt ist und die mit einer sehr nützlichen Sperre versehen ist. Die anderen Werkzeuge sind gut, lassen sich leicht erreichen und verriegeln fest und sicher. Andere Modelle, die Sie sich auch ansehen sollten, sind das «Tough Tool» von Schrade, das «Bucktool» und auch das «SpyderRench». Beim letztgenannten ist es eigentlich überflüssig zu erwähnen, dass es vom Hersteller Spyderco kommt.

Unten: Dieses Modell «PowerLock EOD» (EOD – explosive ordnance disposal = Kampfmittelräumung) von SOG ist speziell für den militärischen Einsatz konzipiert. Die Zange hat eine Übersetzung für grössere Hebelkraft und es sind Spezialwerkzeuge für das Anquetschen von Sprengkapseln und das Zerschneiden von Zündschnüren vorhanden.

Schweizerische Armeemesser — Mehrzweckwerkzeuge

Die meisten Dinge im Leben verlaufen im Kreis, und hier ist die Messerindustrie keine Ausnahme. Daher überrascht es auch nicht, dass sowohl Victorinox als auch Wenger auf der Grundlage einer Zange eigene Mehrzweckwerkzeuge entwickelt haben. Und beide Firmen haben das sehr gut gemacht.

Beim Mehrzweckwerkzeug von Victorinox sind alle Werkzeuge sehr sauber im Griff untergebracht, und ausser der Zange lassen sie sich alle von aussen her erreichen. Die Werkzeuge sind sehr präzise gefertigt und mit einer Verriegelung versehen, aber mit der Schiebesicherung lassen sie sich sehr einfach entriegeln. Alles in allem eine hervorragende Konstruktion. Das Mehrzweckwerkzeug der Firma Wenger hat die etwas eigenartige Bezeichnung «Pocket Grip». Bei ihm sind die eine Hälfte der Zangengriffe und der Backen in einen grossen Taschenmesserrahmen eingearbeitet, die andere Hälfte ist mit einem Scharnierstift daran angebracht. Alle üblichen Werkzeuge sind vorhanden, und das ganze Werkzeug sieht durchaus solide aus, ist aber etwas gross.

Und wer weiss, vielleicht werden die Mehrzweckwerkzeuge der beiden Hersteller der schweizerischen Armeemesser einmal genauso berühmt wie die weltweit bekannten roten Taschenmesser mit dem Schweizerkreuz?

Oben: Das Taschenwerkzeug des schweizerischen Herstellers Wenger sieht aus wie ein übergrosses Schweizer Armeemesser mit einer zusätzlichen Zange und einem Innensechskant-Schraubendreher, aber ziemlich kompakt.

Rechts: Auch das erste Mehrzweckwerkzeug von Victorinox sieht aus wie ein grosses schweizerisches Armeemesser. Aber obwohl es gross und kräftig ausgeführt war, ist es wohl zu kompliziert gewesen, denn der Hersteller hat es jetzt durch ein Mehrzweckwerkzeug in konventioneller Bauweise in Ganzstahlausführung ersetzt.

Kampfmesser
Überlebensmesser
Rettungsmesser

Der Dolch und das Stilett gehören zwar zu den Messern, aber sie sind als reine Waffe und nicht als Werkzeuge konzipiert. Von links: englisches Stilett mit Vierkantklinge um 1600; italienisches Stilett, 17. Jahrhundert mit einer dreikantigen Klinge und Hohlkehlen; kleiner Linkshanddolch, 17. Jahrhundert aus deutscher oder italienischer Fertigung; italienisches Stilett mit Vierkantklinge, 17. Jahrhundert und ein schlankes italienisches Stilett, 17. Jahrhundert in Ganzstahlausführung mit Vierkantklinge.

In früheren Zeiten konnte man von der geführten Waffe direkt auf den Stand des Trägers schliessen – dieser italienische Ohrendolch aus dem 15. Jahrhundert mit einem fein gravierten Griff aus Gold und Elfenbein hat ganz bestimmt einem sehr reichen Mann gehört.

FRÜHE KAMPFMESSER

Das Messer war nicht nur eines der ersten Werkzeuge des Menschen, es war auch eine der ersten Waffen. Diese Trennung begegnet uns in der gesamten Geschichte der Menschheit immer wieder. Messer für den Kampf, das Überleben und die Rettung sind dafür sehr gute Beispiele. Mit dem erstgenannten Messer nimmt man Leben, mit dem zweiten erhält man das Leben, und mit dem letztgenannten rettet man Leben.

Soldaten haben schon immer Messer geführt, sowohl als Waffen als auch als Werkzeuge, aber sie mussten sich diese Messer oftmals selbst beschaffen, es wurde ihnen nicht als Teil ihrer Ausrüstung ausgegeben.

Ehe es zur Aufstellung von stehenden Heeren kam, wurden die Kriege im Mittelalter meist von angeworbenen Söldnern geführt, die von einem König oder einem anderen Edelmann kommandiert wurden. Unterstützt wurden sie von einer grösseren Zahl von Reitertruppen oder einer zivilen Miliz. Obwohl es auch damals schon Waffenkammern gab, aus denen man Waffen beziehen konnte, beschafften sich die meisten Söldner ihre Waffen selbst, und das wurde auch von ihnen erwartet. Die Ritter und Söldner verwendeten dabei speziell für diesen Zweck gefertigte Waffen und Rüstungen, während die Hilfstruppen oft mit selbst gefertigten Waffen, umgebauten Werkzeugen und abgeänderten landwirtschaftlichen Geräten bewaffnet waren, zumal es sich oft um Bauern handelte. Aber eine gemeinsame Waffe führten sie alle, und das war das Messer. Die adligen Herren hatten natürlich teure handgefertigte Dolche, die oftmals reich verziert waren, die Ritter und Söldner führten zweckmässig geformte Dolche (oftmals mit schmaler Klinge, damit man dem Gegner in die Schlitze der Rüstung stechen konnte), aber der normale zum Dienst gezwungene Mann hatte dasselbe Messer bei sich, mit dem er sonst auch arbeitete und seine Mahlzeiten verzehrte.

Könige und Kaiser waren schnell dabei, wenn es darum ging, das Volk zu den Waffen zu rufen, und man erwartete dann, dass jedermann vollständig bewaffnet und kampfbereit erschien. In Friedenszeiten dagegen war es den normalen Bürgern oft nicht erlaubt, Waffen zu tragen. Schwerter waren für Adlige, andere Männer von hohem Stand und für Söldner reserviert. Aber die Zeiten waren damals gefährlich, und deswegen trug auch der gemeine Mann ein Messer zum persönlichen Schutz bei sich, während er sein Tagwerk erledigte. Es gab aber Herrscher, die so viel Angst vor einem Umsturz hatten, dass sie am liebsten auch das verboten hätten ... Und so wurden im Verlauf der Jahrhunderte eigentlich immer Messer zur Selbstverteidigung getragen, und es entwickelten sich hier bestimmte Stilrichtungen. Zweischneidige Dolche mit schlanken Klingen waren fast ausschliesslich als Waffen zu gebrauchen, im Mittelalter waren sie sehr häufig und hatten eine ganze Reihe von verschieden geformten Griffen. Andere Messer dagegen waren mehr für das Schneiden als das Stechen geeignet, sie hatten nur eine einzige Schneide und einen kräftiger ausgeführten Klingenrücken, der sie robust machte. Viele Messer sind Spiegelbilder der in der jeweiligen Epoche verwendeten Schwerter, sie waren nur kleiner, aber es gab auch Messer, die so gross waren, dass man sie fast nicht von einem Schwert unterscheiden konnte. Das deutsche «Grosse Messer» aus dem 15. Jahrhundert

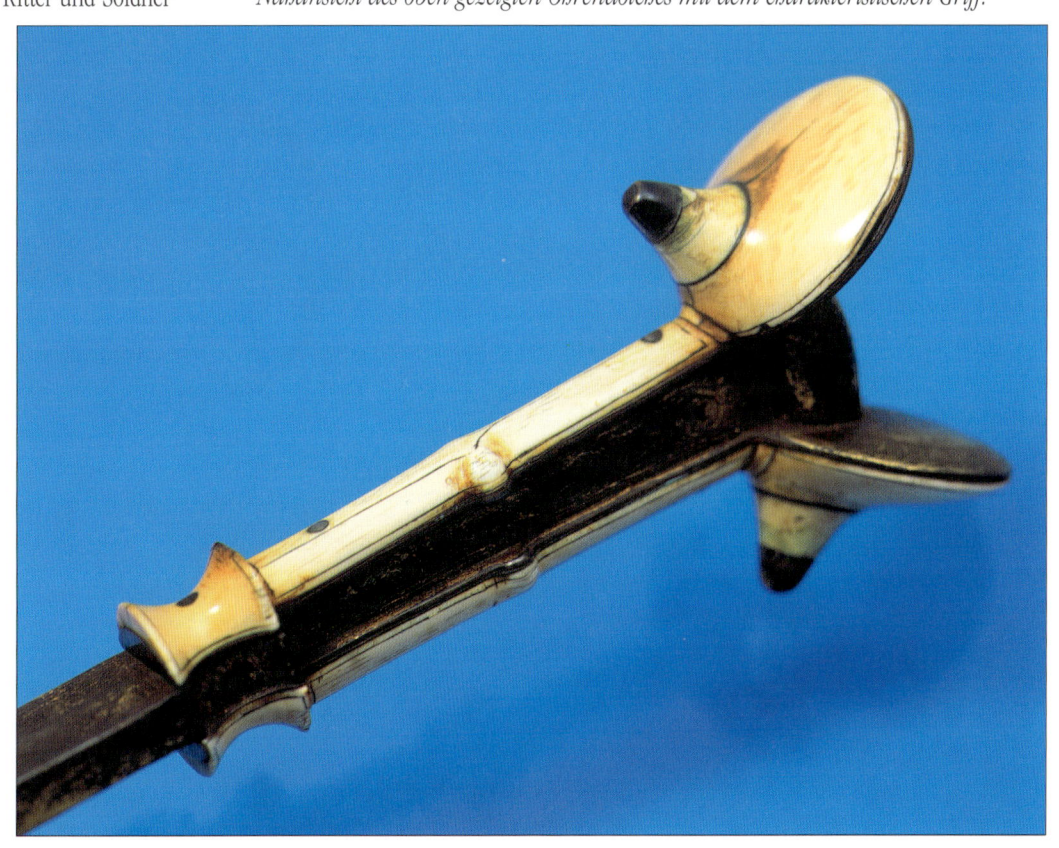

Nahansicht des oben gezeigten Ohrendolches mit dem charakteristischen Griff.

Das «Cinquedea» ist eine typische Seitenwaffe aus der Zeit der italienischen Renaissance, die breite Klinge mit den Hohlkehlen hat Ähnlichkeit mit dem Kurzschwert Gladius der römischen Legionäre. Der Name «Cinquedea» bezieht sich auf die Breite der Klinge (fünf Finger).

Nahaufnahme des Griffes und der Parierstange des «Cinquedea».

Unten: Der Linkshanddolch wurde als Zweitwaffe zusammen mit dem Degen bis ins 17. Jahrhundert hinein verwendet – beachten Sie die ausgeprägt geformten Parierstangen, mit denen man die Klinge des gegnerischen Degens abzuwehren oder festzuhalten versuchte. (Von oben nach unten:) ein deutscher Linkshanddolch aus dem späten 16. oder frühen 17. Jahrhundert, wahrscheinlich von Anton Konrad aus Dresden gefertigt, ein früher deutscher Linkshanddolch um 1600, ein italienischer oder deutscher Linkshanddolch aus dem frühen 17. Jahrhundert mit einem Fingerring an der Parierstange.

KAMPFMESSER – ÜBERLEBENSMESSER – RETTUNGSMESSER

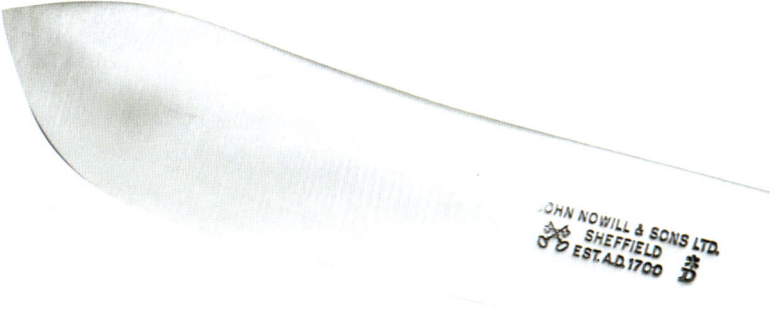

Replika eines Schlachtermessers aus dem 18. Jahrhundert von John Nowill & Sons aus Sheffield in England (gegründet 1700, gehört jetzt zur Firmengruppe Adams). Die Siedler im amerikanischen Grenzland haben mit Sicherheit solche Messer bei sich gehabt.

war eigentlich ein gekrümmtes Kurzschwert, und auch das italienische «Cinquedea» mit seiner breiten, zweischneidigen Klinge fällt irgendwo in den Grenzbereich zwischen grossem Messer und kleinem Schwert.

Die Zeit zwischen dem späten 14. Jahrhundert und der Mitte des 17. Jahrhunderts war wahrscheinlich die Blütezeit der zivilen Kampfmesser in Europa. In dieser Zeit kam auch der Gebrauch eines zweiten Dolches auf, der in der linken Hand geführt wurde und mit dem beim Zweikampf mit dem Degen die Streiche des Gegners abgewehrt wurden. Hauptwaffe für den Meuchelmord in der intriganten und verschlagenen Welt der Renaissance-Politik dagegen war das Stilett. Der nächste Schritt in der Entwicklung des Kampfmessers war eigentlich mehr eine Anpassung als eine Erfindung. Er fand statt, als die Entdecker aus der Alten Welt auf die eingeborenen Indianer der Neuen Welt trafen. Man trieb mit ihnen Tauschhandel, und dabei wurden billige, in Europa gefertigte Gebrauchsmesser, so genannte Schlachtermesser oder Handelsmesser zusammen mit anderen Stahlartikeln an die Indianer abgegeben. Für viele Indianer waren diese Messer der direkte Sprung von der Steinzeit in die Neuzeit, und das alles in ein paar Jahrzehnten. Man kann sich heute gar nicht mehr vorstellen, welche Vorteile eine Stahlklinge gegenüber einer Feuersteinklinge bietet, aber es besteht kein Zweifel daran, dass die Stahlklingen in der Frühzeit der Besiedlung Amerikas durch die Europäer bei den Indianern überaus begehrt waren. Einige dieser Indianermesser waren sehr charakteristisch, wie der so genannte «Biberschwanz», der eine sehr breite Stahlklinge hatte und ursprünglich wohl als Speerspitze gehandelt wurde.

In den Jahren des Kampfes vor der Gründung der USA benutzten sowohl die Siedler als auch die Indianer ihre Gebrauchsmesser als Waffen im Kampf gegeneinander, als sie um ihr schieres Überleben kämpften. Es waren die rauen Lebensverhältnisse in der Zeit des frühen 19. Jahrhunderts, die für die Entstehung eines der berühmtesten Kampfmesser sorgten. Das war natürlich das Bowiemesser, und die Urform dieses Messers wurde von einem Mann namens James Bowie geführt. Über dieses Messer ist schon sehr viel geschrieben worden, und es gibt darüber durchaus gegenteilige Auffassungen. Es wurde aber schon an anderer Stelle in diesem Buch behandelt, und so genügt es, wenn hier gesagt wird, dass es sich um ein mittelgrosses bis grosses Messer mit einer durchgebogenen Spitze und einer einzelnen Schneide handelt. Es wurde in der Folge zu einem der berühmtesten Messertypen der Welt und einer wirklich legendären Waffe und Werkzeug, die sowohl im zivilen als auch im militärischen Bereich zur Anwendung kam. Der einzige Messertyp, der dem Bowiemesser in der Beliebtheit als Kampfmesser nahe kommt, ist der zweischneidige Dolch mit Lanzenspitze – und es gibt durchaus Leute, die behaupten, dass es sich hier um das wirklich originale Bowie-Konzept gehandelt hat, aber mehr davon später.

Dieses aus Obsidian gehauene Messer ist typisch für die amerikanischen Indianerstämme aus der Zeit vor der Ankunft der Europäer, die ihnen dann Messer mit Stahlklingen brachten.

Das Skalpieren und die Skalpiermesser

Wenn man den verschiedenen Quellen glauben kann, wurde den amerikanischen Indianern das Skalpieren von den französischen, holländischen oder britischen Siedlern beigebracht. Das Abschneiden der Kopfhaut mitsamt den Haaren (des Skalpes) war wichtig, um die getöteten Feinde zählen zu können, denn dafür wurde den Indianern eine Prämie gezahlt. Zuerst wurden die befreundeten Indianerstämme ermutigt, dieses Verfahren gegen die so genannten «Wilden» anzuwenden, aber schon bald wendeten es die Indianer auch gegen die europäischen Feinde an. Schliesslich wanderte der «Brauch» weiter nach Westen, und die Indianer auf den Weiten der Prärie skalpierten schliesslich, was das Zeug hielt ... Und für einen Krieger war es dann ein hervorragender Beweis seiner Tapferkeit, wenn er die Skalps seiner Feinde vorweisen konnte.

Auf Handelsrechnungen und anderem Schriftverkehr aus dem 18. Jahrhundert tauchen manchmal Messer mit der Bezeichnung «Skalpiermesser» oder einfach «Skalpierer» auf. Ich habe nicht den geringsten Zweifel, dass man damals diese Messer den Indianern zum Zwecke des Skalpierens übergab und die Messer auch entsprechend nannte. Zweifel habe ich aber daran, dass diese Messer ursprünglich für diesen Zweck vorgesehen waren. Nachdem ich eine Reihe dieser Messer in Museen (und einige moderne Replikas) gesehen habe, glaube ich eher, dass sie genau so aussehen wie andere Messer aus diesem Zeitraum, die Kochmesser, Lagermesser, Arbeitsmesser oder einfach Handelsmesser genannt wurden. Sie haben normalerweise nur eine Schneide und eine scharfe Spitze und sind schmaler ausgeführt als die schwereren Schlachtermesser, aber meiner Meinung nach sind sie eben nur normale Handelsware gewesen. So etwas ist natürlich bei weitem nicht so aufregend und verkaufsfördernd wie der Name Skalpiermesser. Ich meine, dass die Indianer damals einfach jedes verfügbare Messer für diesen Zweck verwendeten, ausserdem wäre ein Messer nach der Art eines Abhäutemessers für den grausigen Zweck wohl noch besser geeignet gewesen. Aber letztendlich konnte man das mit jeder Art von scharfem Messer machen.

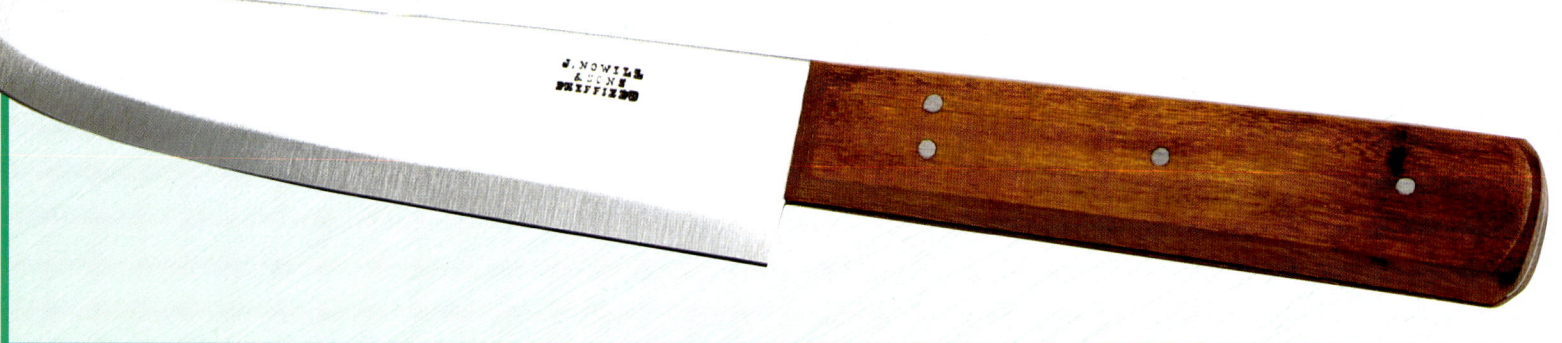

Diese Replika eines Skalpiermessers von John Nowill & Sons aus Sheffield stellt angeblich das Lieblingsmesser der amerikanischen Indianer für das Skalpieren dar – beachten Sie, wie sehr es einem modernen Kochmesser ähnelt.

Der Ruhm des Bowie-Messers schuf in den USA eine derart grosse Nachfrage, dass Messermacher auf der ganzen Welt diesen Bedarf decken wollten. Das abgebildete Messer stammt aus Frankreich, es hat eine breite, 290 mm lange Klinge mit abgebogener Spitze, Griffe aus Elfenbein und einen Knauf aus Neusilber, aber keine Parierstange, die aufgrund der breiten Klingenform auch nicht nötig ist.

KAMPFMESSER – ÜBERLEBENSMESSER – RETTUNGSMESSER

KAMPFMESSER AUS DEM 20. JAHRHUNDERT

Wir betrachten den Anfang des 20. Jahrhunderts als Ausgangspunkt für die Entwicklung der militärischen Kampfmesser, und zwar einfach deswegen, weil es erst ab diesem Zeitpunkt Militärmesser in nennenswerter Zahl gibt, die speziell für den Nahkampf gefertigt und ausgegeben wurden. Vorher war die übliche, dienstlich gelieferte Blankwaffe des Soldaten sein Bajonett oder Seitengewehr, und dieser Waffentyp wird in einem späteren Kapitel abgehandelt. Es wurden auch noch andere Messerarten an die Soldaten ausgegeben, aber meist nur als Werkzeug. Das schweizerische Armeemesser ist dafür ein gutes Beispiel. Offiziere und Unteroffiziere trugen einen Degen oder einen Dolch in Paradeausführung, aber diese Waffen fallen nicht in die Kategorie der Kampfmesser.

Es war der 1. Weltkrieg mit seinen Schützengrabenkämpfen und unbeweglichen Fronten und den daraus folgenden Überfällen auf die gegnerischen Schützengräben, der zur Entwicklung von speziellen Blankwaffen für den Nahkampf führte. In der Regierungszeit von König Edward und vorher schon der Königin Victoria entwickelten die Messermacher in Grossbritannien einige der bösartigsten Blankwaffen, die man sich vorstellen kann. Merkwürdigerweise gibt es aber keine Berichte darüber, dass britische Truppen im 1. Weltkrieg mit Schützengrabendolchen ausgestattet wurden. Stattdessen mussten sie sich solche Waffen auf eigene Kosten beschaffen. Zum Glück lieferten die Schneidwarenfirmen aus Sheffield, wie zum Beispiel George Ibberson, Hibbert & Sons und William Rodgers, Dolche und Messer mit Schlagringen in reicher Auswahl. Eine Firma mit Namen Robbins

Der britische Schützengrabendolch aus dem 1. Weltkrieg hat einen als Schlagring ausgeführten Griff. Die Waffe sieht handlich aus, aber man kann sie nur in der hier gezeigten Stellung halten, aufgrund der Grösse der Löcher im Griff können die meisten das Messer nicht mit der Klinge nach oben halten.

Vier Bowie-Messer in unterschiedlichen Ausführungen und mit verschiedenen Griffmaterialien (von links nach rechts): ein konventionelles Messer mit durchgebogener Spitze und einem Griff aus Hirschhorn, ein Messer mit einer Klinge mit Lanzenspitze und Griffen aus Elfenbein, ein weiteres Messer mit einer Klinge mit Lanzenspitze und einem Griff aus Guttapercha (gummiähnliches Material) und schliesslich ein Bowiemesser mit einer ausgeprägt geformten Klinge und verzierter Parierstange und Knauf, der Griff ist aus Horn.

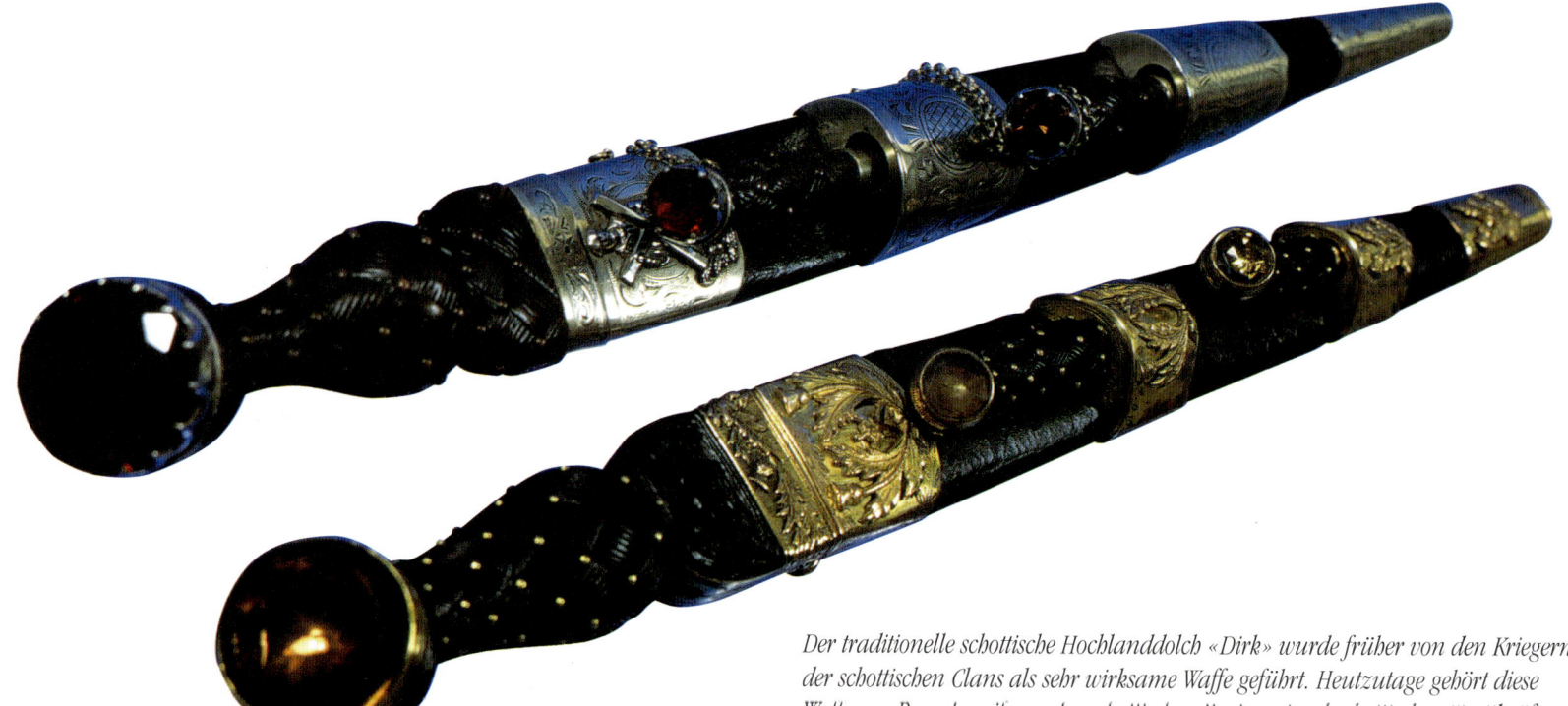

Der traditionelle schottische Hochlanddolch «Dirk» wurde früher von den Kriegern der schottischen Clans als sehr wirksame Waffe geführt. Heutzutage gehört diese Waffe zur Paradeuniform der schottischen Regimenter der britischen Streitkräfte.

of Dudley stellte auch Schützengrabenmesser in Dolchform her sowie Messer mit einem im Griff integrierten Schlagring und besonders üble Dolche mit nadelförmiger Klinge, die aussahen wie ein Eispickel, die aber einen T-förmigen Griff und einen geschlossenen Handschutz besassen. Die Franzosen hatten einen nadelförmigen Dolch mit einem ringförmigen Griff, den sie den «Clou Français» (den französischen Nagel) nannten, während die amerikanischen Soldaten ihr Kampfmesser M1918 besassen, das ebenfalls einen als Schlagring ausgebildeten Griff aus Messing, eine Dolchklinge und einen «Schädelbrecher» genannten Knauf besass. Soweit ich weiss, sind von diesem Messer moderne Replikas auf dem Markt.

Während des 2. Weltkrieges gab es weitere Messer dieser Bauarten zu kaufen, denn wenn auch der Schützengrabenkrieg eine Sache der Vergangenheit war, so konnte es doch auch jetzt zum Nahkampf kommen. Zu dieser Zeit wurden die Truppen aber schon in grösserem Rahmen mit Mehrzweck- bzw. Kampfmessern mit fest stehender Klinge ausgerüstet.

Auch in den USA entwickelten die Hersteller Kampfmesser, und dazu gehörten das «Commando Combat» von Ek (mit dem bemerkenswerten Werbespruch der Firma: «Gemacht in Amerika von Amerikanern für Amerikaner»), das Modell 1 von Randall, das Messer «Marine Raider Gung Ho» (das für das 2. Raider-Bataillon von Carlson gefertigt wurde). Das Schützengraben- oder Kampfmesser M3 und das wohl berühmteste aller Messer, das USMC 1219C2 und USN MkII Kampf- und Gebrauchsmesser. Dieses Messer ist unter der Bezeichnung KA-BAR aber viel besser bekannt. Das KA-BAR wurde von Oberst John M. Davis und Major Howard E. America entwickelt. Das Messer hat eine 180 mm lange Klinge aus Kohlenstoffstahl mit durchgebogener Spitze und einer ausgeprägten Hohlkehle, eine Parierstange und einen Griff aus gepressten Lederscheiben, die von einem Stahlknauf auf der Angel gehalten werden. Es wurde sowohl bei der amerikanischen Marine als auch bei der Marineinfanterie offiziell eingeführt, das erste Los wurde von Camillus im Januar 1943 ausgeliefert. Auch der Hersteller Union Cutlery fertigte dieses Messer und versah es mit seinem Markenzeichen KA-BAR, und dieser Name blieb bei den Marineinfanteristen so hängen, dass es bald nur noch so genannt wurde, auch wenn es von anderen Herstellern kam. Die Taucher der Kampftaucherabteilungen der amerikanischen Marine bekamen ein KA-BAR mit einer Spezialbeschichtung.

Es wird geschätzt, dass während des 2. Weltkrieges ungefähr eine Million Messer vom Typ KA-BAR gefertigt wurden, und obwohl der Hersteller Union Cutlery nach dem Kriegsende

Ein typischer deutscher Schützengrabendolch, auch Grabenmesser oder Sturmmesser genannt. Er stammt aus dem 1. Weltkrieg. Das hier gezeigte Exemplar wurde von C. Friedrich Ern aus Solingen gefertigt.

KAMPFMESSER – ÜBERLEBENSMESSER – RETTUNGSMESSER

Amerikanisches Marinemesser «U.S. Navy Utility Knife MkI» aus dem 2. Weltkrieg mit dienstlich gelieferter Lederscheide.

Unten: Dieser von Robbins of Dudley gefertigte Nadeldolch aus dem 1. Weltkrieg war zwar keine offizielle Militärwaffe, aber er wurde von den britischen Soldaten privat beschafft. Die dünne Klinge ist fast 125 mm lang, Griff und Parierstangenring bestehen ebenfalls aus Metall.

Unten rechts: Das Kampf- und Gebrauchsmesser «Utility Knife MkII» der amerikanischen Marine und der Marineinfanterie mit seiner charakteristischen Klinge wurde unabhängig von seinen jeweiligen Herstellern unter der Bezeichnung KA-BAR berühmt.

Das Messer M3 «Trench Knife» der amerikanischen Armee ist eine klassische Messerkonstruktion mit einer zweischneidigen Klinge mit Mittelspitze und einem Griff aus Lederscheiben. Hier ist die Ausführung mit der olivgrünen Kunststoffscheide M8 abgebildet.

Eine moderne Version des ursprünglichen Messers «USMC 1219C Fighting/Utility Knife», das umgangssprachlich fast immer einfach als das KA-BAR bezeichnet wird. Das hier gezeigte Modell wird mit einer Lederscheide mit der Aufschrift KA-BAR und USMC geliefert.

die Fertigung dieses Messers einstellte, kamen gleichartige Messer von anderen Herstellern unter der Bezeichnung KA-BAR auf den Markt, die in Korea, Vietnam und jedem anderen folgenden Konflikt von den amerikanischen Soldaten geführt wurden.

Der Markenname KA-BAR gehört jetzt zu der Firma Alcas Corp. und ist wieder auf dem Markt, wobei immer noch die Liefervorschriften aus der Zeit des 2. Weltkrieges zugrunde gelegt werden. Die Produktreihe KA-BAR wurde aber erweitert, es gibt auch moderne Varianten und Sonderausgaben dieser Messerkonstruktion. Das neueste KA-BAR heisst «Next Generation Fighting Knife», es hat eine Klinge aus rostfreiem Edelstahl, eine Parierstange aus gesintertem Edelstahl, aus dem auch der Knauf besteht, und einen Griff aus Kraton. Der Ex-Ranger und frühere Angehörige der Elitetruppe «Green Berets»

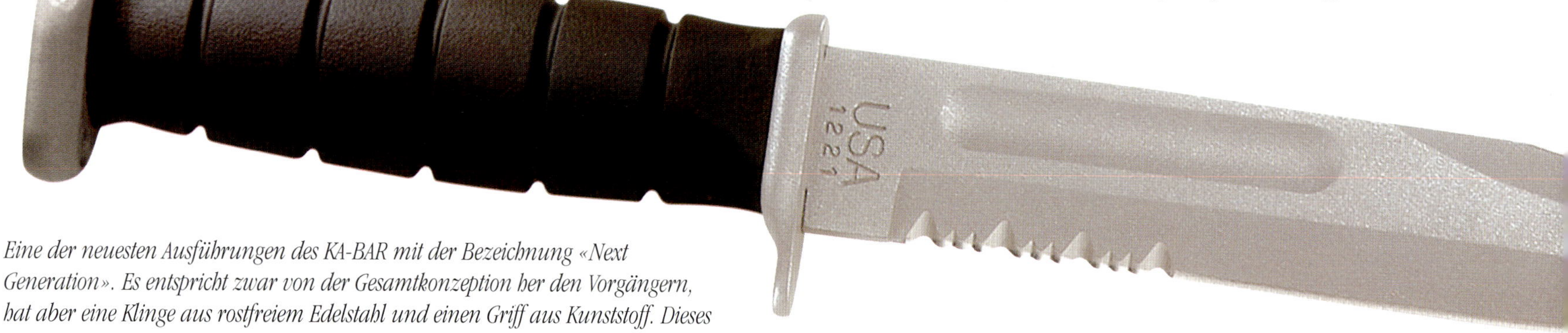

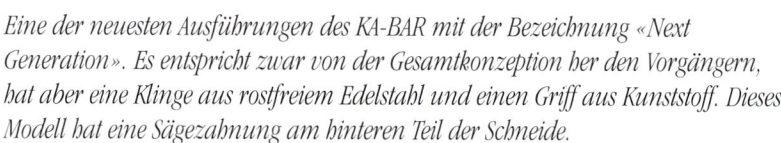

Eine der neuesten Ausführungen des KA-BAR mit der Bezeichnung «Next Generation». Es entspricht zwar von der Gesamtkonzeption her den Vorgängern, hat aber eine Klinge aus rostfreiem Edelstahl und einen Griff aus Kunststoff. Dieses Modell hat eine Sägezahnung am hinteren Teil der Schneide.

KAMPFMESSER – ÜBERLEBENSMESSER – RETTUNGSMESSER

Greg Walker ist der Chefberater der Entwicklungsabteilung der Herstellerfirma, der auch Herausgeber der Messerzeitschrift «Fighting Knives» ist, und so wird dieses Messer ohne jeden Zweifel eine grossartige Tradition fortsetzen.

Ein weiteres berühmtes Kampfmesser aus der Zeit des 2. Weltkrieges ist der britische Kommandodolch Fairbairn-Sykes (F-S), der aber mit einem Gebrauchsmesser überhaupt nichts zu tun hat, er wurde ausschliesslich als Waffe konzipiert. Er wurde von den Hauptleuten William E. Fairbairn und Eric A. Sykes von der königlich britischen Marineinfanterie entwickelt, die früher in Schanghai bei der örtlichen Polizei gedient hatten und von dort Erfahrungen im Nahkampf mit und ohne Waffen mitbrachten. Nachdem sie bei den britischen Kommandos für die Ausbildung im Nahkampf verantwortlich waren, brauchten sie ein gutes Kampfmesser, und so griff man auf die Entwürfe zurück, die Fairbairn in Schanghai gemacht hatte. Das Ergebnis war der britische Kommandodolch, und wenn es davon auch verschiedene Abarten gibt, so sind sie doch alle nach demselben Muster gebaut. Die charakteristische Stilettklinge ist 170 mm lang, es ist eine Parierstange vorhanden, der Metallgriff ist mit Rillen versehen und hat einen kugelförmigen Knauf. Das gesamte Messer ist knapp 305 mm lang. In geübten Händen war es eine furchtbare Waffe, aber ausser für den Kampf war es eigentlich für nichts geeignet. Es wurde ursprünglich bei Wilkinson Sword und anderen Schneidwarenherstellern in Sheffield gefertigt, und es wird immer noch in verschiedenen Präsentationsausführungen als Gedenkstück gefertigt.

Der Kommandodolch war auf dem Gebiet der Kampfmesser ein sehr wichtiger Schritt

Der Dolch Fairbairn-Sykes der britischen Kommandotruppen war von Spezialisten für den Nahkampf entwickelt worden. Dieses Modell «Pattern 2» aus dem 2. Weltkrieg wurde von Wilkinson Sword gefertigt. Es hat eine zweischneidige Klinge mit einer Länge von 165 mm und rhombischem Querschnitt.

nach vorn, teilweise deswegen, weil er als Waffe so wirksam war, teilweise auch aufgrund der Erfahrungen seiner Konstrukteure im Nahkampf. Aufgrund seiner schmalen Stilettklinge war er als Gebrauchsmesser jedoch nicht zu verwenden.

Als Fairbairn zu einem Besuch in den USA weilte, um dort als Berater bei der Aufstellung eines Ausbildungsprogramms für die Sondereinheit OSS (Office of Strategic Services) zu fungieren, war einer seiner Schüler der amerikanische Oberst Rex Applegate, der später ein viel praktischer zu verwendendes Kampfmesser entwickelte. Das hatte eine breitere Klinge mit einer Mittelspitze und brauchbaren Schneiden (für den Kampf, aber auch für allgemeine Aufgaben). Das Messer hatte eine starke Spitze und eine kräftige Angel, eine Parierstange mit nach aussen gebogenen Haken und einen breiteren, besser geformten und daher viel besser in der Hand liegenden Griff als das Messer von Fairbairn-Sykes. Bei der Weiterentwicklung des Fairbairn-Sykes zum Fairbairn-Applegate hatte man sich besonders über das letztgenannte Teil sehr viele Gedanken gemacht. Es wurde dafür ein gerripptes synthetisches Material mit dem Namen Lexan verwendet, das sich gut greifen liess und im Inneren mit Bleigewichten zur besseren Balance versehen war. Das Gewicht konnte der Benutzer nach seinen Wünschen verändern. Das Messer Fairbairn-Applegate wur-

Oben: Dieser amerikanische Kampfdolch der Bauart Fairbairn-Sykes wurde im 2. Weltkrieg für die Marineinfanterie und andere Spezialtruppen hergestellt.

Unten: Obwohl es vielseitiger verwendbare Kampfmesser als den Dolch Fairbairn-Sykes gibt, wird er noch heute gefertigt, wie diese vergoldete Geschenk-Ausführung.

Oben: Das hier gezeigte Messer von Bill Harsey ist eine Sonderausführung des Kampfmessers Applegate-Fairbairn – eine Weiterentwicklung des Dolches Fairbairn-Sykes. Das in Sonderanfertigung entstandene Messer ist aus Stahl der Sorte 154CM gefertigt und ist zur Vermeidung von Reflexionen sandgestrahlt. Die Klinge trägt die Unterschriften von Oberst Rex Applegate und Hauptmann William Fairbairn.

de so beliebt, dass es auch heute noch von mehreren Herstellern gefertigt wird. Dazu gehört auch eine spezielle signierte Version von dem berühmten Messermacher Bill Harsey, der es mit einer sandgestrahlten Klinge aus Stahl 154CM fertigt, der dann gehärtet wird und eine Rockwell-Härte von 60 bis 61 aufweist. Andere nennenswerte Messer in diesem Bereich sind das Ek «Warrior», «Ontario Spec Plus SP6», und «FF6 Freedom Fighter», Gerber Mk 1, SOG «Recon Bowie», Colt «Liberator», das «Peacekeeper» von Cold Steel und das «R1 Military Classic».

Nach dem 2. Weltkrieg legte man bei den Entwicklungsarbeiten den Schwerpunkt auf ein kombiniertes Kampf- und Gebrauchsmesser. Der Einsatz des Messers als Vielzweckwerkzeug wurde immer wichtiger, der Verwendungszweck als Waffe dagegen trat etwas in den Hintergrund. Mittlerweile waren die Infanteriewaffen so wirksam geworden, dass der Soldat kaum jemals auf Nahkampfweite an den Feind herankam. Ein Ausbilder der britischen Armee hat mir das einmal so erklärt: «Wenn du so dicht am Feind bist, dass du dein Messer gebrauchen kannst, dann bist du schon viel zu dicht dran, und das ist Schei...!» Ähnliche Erklärungen bekam ich auch von einem anderen alten Soldaten, der Ende der 40er Jahre in Malaya gekämpft hatte, und er ist einer der wenigen einfachen Soldaten, der wirklich einmal ein Messer im Kampf verwenden musste. Ich habe im Verlauf der Zeit mit vielen hundert Soldaten unterschiedlicher Nationalitäten gesprochen, die in verschiedenen Konflikten Kampferfahrungen gesammelt hatten, und dabei waren einige, die sich sogar noch an die Schützengrabenkämpfe von 1914–1918 erinnern konnten. Aber nicht einer von ihnen (abgesehen von dem oben erwähnten Soldaten) hatte abgesehen von seiner Ausbildung jemals mit dem Messer gekämpft – und es hatte auch kei-

KAMPFMESSER — ÜBERLEBENSMESSER   RETTUNGSMESSER

ner von ihnen jemals von einem Nahkampf gehört, der mit dem Messer geführt wurde. Ganz ohne Zweifel gibt es im Gefecht viele Situationen, in denen Messer verwendet werden, und über einige davon existieren auch genaue Berichte, aber ich bin mir sicher, dass hier immer Angehörige von Spezialtruppen gekämpft haben, die im Rahmen von verdeckten Operationen eingesetzt wurden. Dabei kann es durchaus notwendig sein, den Gegner möglichst lautlos zu töten. Aber selbst in diesem Zusammenhang habe ich noch nie etwas von einem regelrechten «Messerkampf» gehört. Damit meine ich einen Kampf, bei dem beide Gegner mit einem Messer bewaffnet sind. Es ist durchaus möglich, dass so etwas vorkommt, und die Soldaten sollten darauf auch vorbereitet sein, aber diese Gelegenheiten sind doch so selten, dass der Übergang vom reinen Kampfmesser zum Mehrzweckmesser durchaus gerechtfertigt ist.

Eines aber ist todsicher. Wenn man einem Soldaten eine Waffe oder ein Gerät in die Hand gibt, dann findet er auch einen Weg, um es kaputt zu machen. Das gilt für ein Messer

Dieses Bowiemesser «Recon» von SOG ist eine Nachbildung des ersten Kampfmessers, das von amerikanischen Sondereinheiten im Vietnamkrieg beschafft wurde. Wie das Original hat es eine brünierte Stahlklinge, einen Griff aus kunstharzgetränktem Leder und eine Parierstange und einen Knauf aus Messing.

Das «FF6 Freedom Fighter» von Ontario ist ein modernes Messer, das seine Wurzeln in Militärmessern wie dem M3 hat, aber aus leistungsfähigeren Materialien gefertigt ist. Der handliche Griff besteht aus Polymer, die 203 mm lange Klinge aus Kohlenstoffstahl 1095 ist pulverbeschichtet.

Auch Klappmesser werden mittlerweile immer öfter als Kampfmesser ausgeführt. Dieses in Italien gefertigte Klappmesser «Extreme Ratio Fulcrum» ist ein solches Modell. Es ist ein extrem widerstandsfähiges Messer, das mit einer Reihe von verschiedenen Klingen lieferbar ist.

genauso wie für einen Panzer. Man kann also auch todsicher davon ausgehen, dass ein Kampfmesser auf jeden Fall als Universalwerkzeug verwendet wird, damit wird geschnitten, gehackt, gegraben, gehämmert usw. Der Soldat wird es sogar als Brechstange verwenden, und das hat mir ein Unteroffizier einmal so erklärt: «Ja sicher, die Soldaten kennen die goldene Regel, dass man ein Messer nicht als Brechstange verwenden darf, aber die kümmern sich da gar nicht drum, auch wenn sie das Messer zerbrechen – es ist nämlich wahrscheinlich nicht sein Messer, sondern er hat es sich von einem Kameraden geliehen.»

Das muss man einfach wissen, und deswegen müssen moderne Kampfmesser robust sein – sehr robust sogar. Sie müssen zäh und widerstandsfähig sein, und sie müssen eine Schneide haben, die lange scharf bleibt. Kein Soldat kann sein Messer stärker machen – entweder ist es stark oder nicht –, aber er kann wenigstens die Schneide schärfen, wenn dies nötig ist.

Die kräftigsten Messer sind immer diejenigen, die aus einem Stück Metall gefertigt sind, und an diese Regel halten sich eigentlich viele Hersteller mit ihren neusten Konstruktionen von Kampfmessern, denn sie haben alle eine durchgehende Angel und Griffschalen. Dazu gehören das Camillus «CUDA CQB1» (Close Quarters Battle 1 = Nahkampf) und ein Messer von Chris Reeve mit dem Zivilnamen «Green Beret», bei der Elitetruppe der «Green Berets» (den U.S. Army Special Forces) dagegen ist es als das «Yarborough» bekannt.

Das «CUDA CQB1» ist eine Konstruktion von Robert Terzuola, es hat eine durchgehen-

Obwohl man im militärischen Einsatz auch auf Situationen vorbereitet sein muss, in denen mit dem Messer gekämpft werden muss – dieses Foto zeigt die Ausbildung von Soldaten einer Sondereinheit –, tritt dieser Fall in Wirklichkeit im modernen Krieg kaum jemals ein.

de Angel. Es ist aus der Stahlsorte ATS-34 gemacht und hat eine Stärke von 4 mm, der Stahl ist gehärtet und weist eine Härte von RC59 auf. Das Messer hat eine matte Oberfläche. Die Klinge mit integrierter Parierstange ist 150 mm lang und hat eine Mittelspitze, die schwarzen Griffschalen bestehen aus dem Kunststoff Micarta, der eine stoffartige Oberflächenstruktur aufweist. Die Abkürzung CUDA bedeutet übrigens Camillus Ultra Design Advantage.

Das Messer CRK «Green Beret» ist ein weiteres gutes Beispiel für diesen Messertyp. Es wurde von Bill Harsey entwickelt und besteht aus einem einzigen Stück rostfreiem Edelstahl CPM S30V, die Klinge ist gehärtet und weist eine Härte von 55 bis 57 auf der Rockwell-Skala auf. Wie beim CQB bestehen auch hier die Griffschalen aus schwarzem Micarta (der aber eigentlich grau aussieht), und der Griff hat Fingerrillen, damit er sich besser halten lässt. Die 180 mm lange Klinge hat eine Spitze, die man am besten als Lanzenspitze bezeichnen, die eigentliche Schneide ist 157 mm lang. Die ersten 30 mm davon sind mit einer Sägezahnung versehen, der Rücken ist nicht geschärft.

Weitere erwähnenswerte Modelle in dieser modernen Klasse von

Unten: Das militärische Kampf- und Gebrauchsmesser hat sich weiterentwickelt. Fast jeder Hersteller hat eigene Vorstellungen von der besten Konstruktion, aber ein gemeinsames Muster ist trotzdem erkennbar – eine erstklassige Klinge mit einer Beschichtung und ein Griff aus Kunststoff, wie hier gezeigt: oben das «Recon Scout» von Cold Steel und darunter das «A 1» von Fällkniven.

Das «CUDA CQB1» von Camillus gehört zur neuen Generation von Kampf- und Gebrauchsmessern. Es hat eine durchgehende Angel und einen Griff aus dem Kunststoff Micarta mit integrierter Parierstange.

Kampf- und Gebrauchsmessern sind das Al-Mar «Grunt 1», das «Blackjack AWAC», das «Nighthawk» von Buck, das «Patriot» von Gerber, das «Recon Scout» von Cold Steel, das «Specwar» von Timberlite, das «ACK» von Eickhorn, das «Tech» von SOG und das «SEAL 2000» von SOG. Und wenn Sie wirklich ernsthaft an Kampfmessern interessiert sind, dann sollten Sie sich auch einmal das «MPK» (Multi Purpose Knife = Vielzweckmesser) von Mission Knives ansehen, dessen Klinge besteht aus einer nichtmagnetischen Titanlegierung, da es bei den SEAL der amerikanischen Marine zur Kampfmittelräumung verwendet wird. Es hat also keinen Einfluss auf Minen mit Magnetzündung und ist vollständig resistent gegen Salzwasser.

Eine weitere wichtige Eigenschaft der modernen Kampfmesser ist ihr relativ geringes Gewicht. So wiegt zum Beispiel das «Green Beret» von CRK nur 340 Gramm, und das ist wenig im Vergleich zu anderen grösseren und schwereren Kampfmessern aus dem letzten Viertel des 20. Jahrhunderts. Diese Messer haben die Aufgabe, das Leben ihres Besitzers in jeder Situation zu schützen, und darum heissen sie auch «Überlebensmesser».

Das Messer «Green Beret» ist die zivile Version des «Yarborough» der amerikanischen Special Forces. Das hier gezeigte Exemplar ist von dem Messermacher Chris Reeve und dem Konstrukteur Bill Harsey signiert.

KAMPFMESSER – ÜBERLEBENSMESSER – RETTUNGSMESSER

Dieses Klappmesser mit der Bezeichnung «Kalashnikov» stammt vom deutschen Messerhersteller Böker aus Solingen. Es wurde von Mikhail Kalashnikov, dem Vater des weltbekannten Sturmgewehres AK-47 konstruiert.

ÜBERLEBENSMESSER

Was sich das Militär unter einem Kampfmesser/Überlebensmesser vorstellt, kann man gut an dem Messer «Project II» von CRK sehen. Dieses Messer wurde in Zusammenarbeit mit Sergeant Karl Lippard von der amerikanischen Marineinfanterie, dem U.S. Marine Corps entwickelt. In dieses Messer sollten alle Eigenschaften einfliessen, die für ein Messer für einen Marineinfanteristen wichtig sind. Das einteilige Messer ist aus einem einzigen Stück des überaus dauerhaften Stahls A2 geschmiedet, es hat eine 190 mm lange Klinge mit durchgebogener Spitze, die gehärtet ist und einen Härtegrad von 55 bis 57RC aufweist, vor der Klingenwurzel befindet sich ein 40 mm langer gezahnter Abschnitt der Schneide, mit dem man hervorragend Tauwerk oder Gurte zerschneiden kann. Der Griff

Dieses Messer «Nimravus» vom Hersteller Benchmade ist ein weiteres Beispiel für ein Militärmesser im modernen Stil. Es besteht aus rostfreiem Edelstahl 154CM, hat eine durchgehende Angel, eine Mittelspitze, Griffschalen aus dem Kunststoff G10 und eine integrierte Parierstange. Beachten Sie ausserdem die für verschiedene Tragarten konstruierte Scheide aus Kraton.

MESSER FÜR DIE ZIVILE SELBSTVERTEIDIGUNG

Im Gegensatz zu den Soldaten, mit denen ich gesprochen habe und die keine Erfahrungen mit dem Messerkampf gemacht haben, kenne ich eine Reihe von Zivilisten, die mit einem Messer angegriffen wurden. Es handelte sich hier nicht um Messerkämpfe, es waren Angriffe mit einem Messer, und normalerweise wurde hierbei ein unbewaffneter Bürger von einem Kriminellen verletzt. Aber es gibt auch Fälle, wo jemand während eines häuslichen Streits zum Küchenmesser greift ...

Bitte beachten Sie, dass ich das Wort Angriff und nicht Verteidigung verwendet habe. In vielen Ländern ist es gar nicht erlaubt, ein Messer zur Verteidigung mit sich zu führen. Das klingt verrückt, weil Kriminelle sich an solche Gesetze sowieso nicht halten und Messer mit sich führen, und sie sind auch bereit, sie zu benutzen.

Der Wahnsinn hat aber durchaus Methode, denn die meisten Bürger würden ein Messer sowieso nur zur eigenen Beruhigung mit sich führen für den Fall, dass sie von einem Kriminellen angegriffen werden. Wenn es dann aber so weit ist, würden sie es gar nicht anwenden. Andererseits fackeln Kriminelle nicht lange, wenn es um die Benutzung eines Messers geht – und dann könnte es sein, dass man es Ihnen wegnimmt und gegen Sie verwendet.

Obwohl es in einigen Ländern erlaubt ist, ein Messer zum Zweck der Selbstverteidigung zu führen, rate ich doch dringend dazu, sich nicht auf ein Messer als Hauptverteidigungsmittel zu verlassen. Sie sollten nämlich wenigstens eine oder noch besser mehrere Kampfsportarten ohne Waffen beherrschen, ehe Sie sich auf ein Messer als Verteidigungswaffe verlassen, und selbst dann sollten Sie den Kampf mit dem Messer unter professioneller Anleitung geübt haben. Denn wie sagte ein chinesischer Waffenfachmann und Kampfsportlehrer ganz richtig: «Selbst ein Trottel mit einem Messer ist gefährlich – für jeden um ihn herum, aber hauptsächlich für sich selber.»

In einigen Ländern und Staaten gibt es bestimmte Gesetze, die den Verkauf und den Besitz von bestimmten Messern einschränken oder verbieten. Dazu können Springmesser, Fallmesser, Schmetterlingsmesser, Dolche, Gürtelschnallenmesser, Schlagringmesser und versteckte Messer in Form eines anderen Gegenstandes (z.B. eines Kamms, eines Füllfederhalters, eines Regenschirmes oder Spazierstocks) gehören. Das ist bis zu einem gewissen Grad verständlich, weil es hier einen Grenzbereich zu den «verdeckt getragenen» Waffen gibt. In Grossbritannien zum Beispiel darf nicht für «Kampfmesser» oder «Gefechtsmesser» geworben werden. Das betrifft ein auf der ganzen Welt beliebtes amerikanisches Messer, das in riesigen Stückzahlen auf der ganzen Welt an Camper, Förster und alle anderen viel im Freien arbeitenden oder Sport treibenden Personen verkauft wird. Steht das Wort «Kampfmesser» auf der Verpackung, dann darf es nicht verkauft werden. Lächerlich ist natürlich, dass nach der Entfernung dieses Wortes auf der Verpackung das Messer plötzlich legal verkauft werden darf, und so bedarf es nur eines einfachen Namenswechsels, um bestimmte Messer wieder legal verkaufen zu dürfen. Das illegale «Defender II» zum Beispiel wurde zum «D II», und das darf verkauft werden.

Nach Auffassung der Behörden weist der ursprüngliche Name nämlich auf die Verwendung als Kampfmesser hin.

Seit den schrecklichen Ereignissen des 11. September 2001 ist es streng verboten, ein Messer oder irgendeinen anderen scharfen Gegenstand am eigenen Körper oder im Gepäck an Bord eines Flugzeuges zu bringen. Und was habe ich neulich auf einem Flug von Nürnberg nach Grossbritannien im Geschenkeladen auf dem Flughafen gesehen, während ich auf meinen Abflug wartete? Raten Sie mal – es war eine ganze Palette von Taschenmessern ...

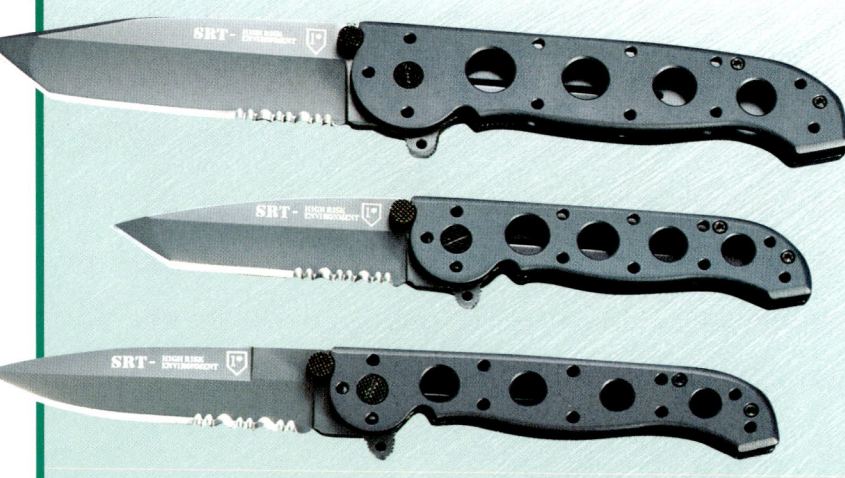

Das «G1» von Fällkniven ist als Selbstverteidigungsmesser zu betrachten, denn es hat eine Dolchklinge mit Lanzenspitze. Es erinnert stark an das «Guardian» von Gerber, das von Bob Loveless entwickelt wurde.

Unten: Dieses als Stilett ausgeführte Springmesser öffnet sich auf Knopfdruck hin unter Federkraft automatisch. Solche Messer sind in vielen Ländern entweder ganz verboten oder unterliegen Beschränkungen.

Die Serie «M16» von CRKT wurde speziell für militärische Zwecke und Rettungsdienste entworfen – die hier gezeigten Messer sind für den Polizeidienst vorgesehen.

KAMPFMESSER – ÜBERLEBENSMESSER – RETTUNGSMESSER

ist geriffelt und hat auf der unteren Seite eine Parierstange, der Knauf besteht aus einer Aluminiumkappe. Die Kappe ist abschraubbar und mit einem Dichtungsring versehen, sie schliesst den hohlen Griff wasserdicht ab. Die Innenabmessung des Griffes beträgt 100 x 20 mm. Der hohle Griff ist typisch für alle Überlebensmesser, denn hier können wichtige Kleinteile verstaut werden.

Eines der berühmtesten britischen Messer für diesen Zweck ist das Überlebensmesser der britischen Firma Wilkinson Sword. Das Messer heisst «Dartmoor». Es wurde in Zusammenarbeit mit Ausbildern der britischen Marineinfanterie im Ausbildungszentrum der Kommandoeinheiten entwickelt und wurde im März 2003 auf der IWA in Nürnberg der Öffentlichkeit vorgestellt. Es hat eine 185 mm lange Klinge mit durchgebogener Spitze, die aus dem Stahl 440C besteht, der Klingenrücken ist mit einer Sägezahnung versehen. Das Messer ist so konzipiert, dass man damit sowohl grobe Hackarbeiten als auch feine Schneidearbeiten ausführen kann, der Griff besteht aus hochfestem Nylon mit einem rutschfesten Überzug. Man kann den Griff von der Klinge abnehmen, um an den Rettungssatz im Griffinneren zu gelangen, der aus einem Kompass, einem Feuerzeug und einer Anzahl von weiteren für das Überleben wichtigen Ausrüstungsteilen wie Angelschnur und Angelhaken, Nadeln usw. besteht.

Das Überlebensmesser «Dartmoor» des britischen Herstellers Wilkinson Sword, es wurde unter der Mithilfe von Ausbildern der britischen Marineinfanterie «Royal Marines» entwickelt.

MESSER

Rechts: Eine moderne Version des vom britischen Verteidigungsministerium entwickelten und ausgegebenen Rettungs- bzw. Überlebensmessers «Rescue Survival» hat eine 177 mm lange phosphatierte Klinge aus Kohlenstoffstahl mit durchgehender Angel, sie trägt die NATO-Versorgungsnummer. Der Griff besteht aus Kunststoff.

Einige Überlebensmesser sind viel einfacher gehalten, so wie das «Pilot Survival Knife» der amerikanischen Luftwaffe, bei dem es sich im Grunde genommen um eine verkürzte Version des KA-BAR handelt. Es hat auf dem Klingenrücken eine Sägezahnung und einen schwereren Knauf, den man auch als Hammer verwenden kann. Die Scheide ist mit einer Tasche versehen, in der man einen Schleifstein und andere nützliche Teile mit sich führen kann. Viele Piloten stecken dort ein schweizerisches Armeemesser oder ein anderes kleines Mehrzweckwerkzeug hinein, zusammen mit einem kleinen Diamantwetzstahl.

Noch einfacher gehalten ist das britische «MoD 4 Rescue Survival Knife», bei dem es sich um ein recht kräftig ausgeführtes Messer mit einem Gewicht von fast 680 Gramm handelt. Es hat eine 180 mm lange phosphatierte Klinge aus Kohlenstoffstahl. Dieses äusserst widerstandsfähige Messer für schwersten Einsatz wird in Sheffield hergestellt. In der neuesten Ausführung hat es einen Griff aus verstärktem Polymer mit versenkt angebrachten Nieten, die früheren Ausführungen dagegen hatten eine durchgehende Angel mit Holzgriffschalen – da sind wir vom Aussehen her gar nicht so weit weg von den Handelsmessern, die im 18. Jahrhundert nach Amerika gingen!

Nach dem Erscheinen der Rambo-Filme, in denen der Held mit einem riesigen Bowie-Messer kämpfte, in dessen hohlem Griff genug Material zum Bau eines kleinen Hauses Platz gehabt hätte, kamen schon bald eine ganze Anzahl von gleichartigen Messern auf den Markt. Zwar waren manche dieser Messer von guter Qualität – wie das Buck Master und das Gerber BMF – und deswegen konnte man sie auch ernst nehmen, aber die billige-

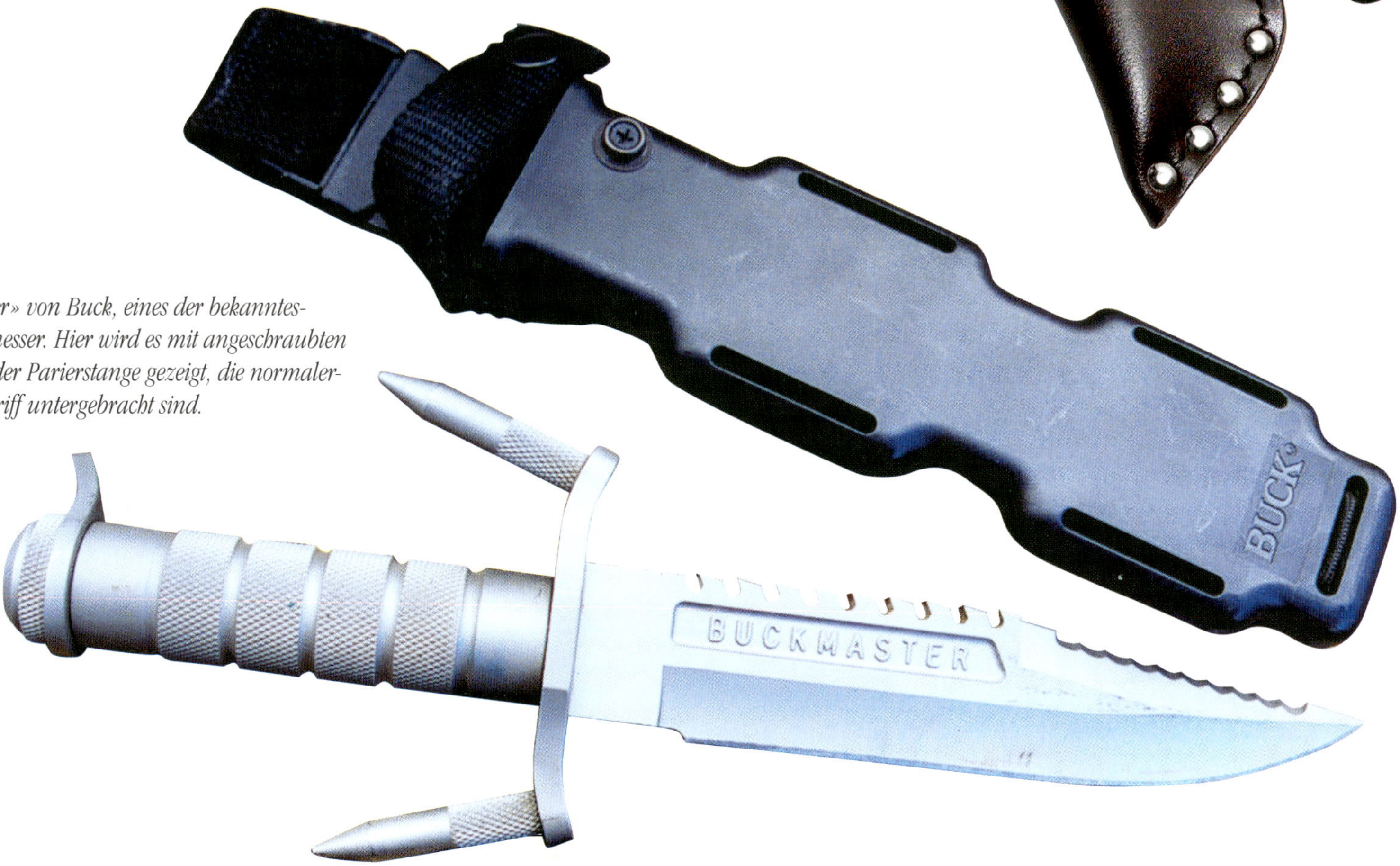

Das «Buckmaster» von Buck, eines der bekanntesten Überlebensmesser. Hier wird es mit angeschraubten Ankerstiften an der Parierstange gezeigt, die normalerweise im Handgriff untergebracht sind.

Das «BMF» von Gerber ist in jeder Hinsicht ein grosses und kräftiges Messer, und es ist ein vielseitig verwendbares Überlebensgerät. Die Klinge ist 228 mm lang, der Griff aus dem Kunststoff Hypolon ist mit Gummi beschichtet, damit er sich gut greifen lässt, und den kräftig ausgeführten Knauf kann man sogar als Hammer verwenden. In der Scheide befinden sich ein diamantbeschichteter Wetzstahl und ein Kompass.

ren Versionen waren schlicht und einfach ein Witz. Allerdings wäre der Witz zu einem sehr schlechten Witz geworden, wenn sich jemand im Notfall wirklich auf so ein Billigmodell verlassen hätte. Aber wie so oft bei Dingen, die von Film oder Fernsehen ausgelöst werden, es waren hauptsächlich Träumer und Phantasten, die sich so etwas kauften, und so kam wohl nie jemand dadurch ernsthaft in Gefahr.

In ihrer besten Form sollen Überlebensmesser ihrem Besitzer beim Freischneiden von Vegetation helfen, er soll sich damit einen Unterschlupf bauen können, der ihn schützt, er soll sich damit Nahrung beschaffen können und sie zubereiten, sich ein Feuer machen, sich damit Waffen bauen und das Messer selbst als Waffe verwenden können. Dazu kommen noch unzählige andere Aufgaben. Das sind ohne Frage eine ganze Menge Anforderungen an ein Stück geformtes Metall mit einer Schneide, und nicht alle Messer, die sich Überlebensmesser nennen, können diese Aufgaben in der Wildnis auch wirklich erfüllen. Zum Glück werden richtige Überlebensmesser auch nur von Leuten gebraucht, die sich freiwillig in schwierige und gefährliche Situationen begeben – nicht unbedingt gegen menschliche Feinde – oder die aufgrund ihrer Arbeit oder ihres Lebensbereiches plötzlich ernsthaften Schwierigkeiten gegenüberstehen können. Eigentlich gibt es nur sehr wenige Leute, die so ein Messer brauchen, und die es brauchen, wissen eigentlich immer sehr genau, was sie brauchen und was sie nicht brauchen. Der Rest von uns kommt auch so mit einem normalen kräftigen Messer und einem guten Mehrzweckwerkzeug durch sein Leben!

Viele Überlebensmesser wie das «Buckmaster» haben einen hohlen Griff, in dem für das Überleben wichtige Hilfsmittel aufbewahrt werden – Kompass, Angelzeug, Nadeln, Nähgarn, Streichhölzer usw.

RETTUNGSMESSER

Hier handelt es sich um eine relativ neue Messerart, die für den harten Einsatz im Rettungsdienst in verzweifelten und/oder gefährlichen Situationen vorgesehen ist. Das heisst, dass sie mit normalen Schneidearbeiten ohne Probleme fertig werden. Es sind zähe und robuste Messer, und so sind sie eigentlich ideal für alle, die ein wirklich belastbares Messer brauchen. Und sie können einem sogar das Leben retten, wenn man einmal in eine wirkliche Notsituation geraten sollte.

Ich habe früher als Stahlbauer in Kraftwerken und Ölraffinerien gearbeitet, und da ich auch Ersthelfer bin, wurde ich oft zum Dienst in die Rettungsstaffel gerufen. Zu den Ausrüstungsteilen, die ich für absolut notwendig hielt, gehörte auch ein gutes Messer (für einen Stahlbauer ist es sowieso notwendig). Meistens trug ich damals ein britisches Armeetaschenmesser. Ich kann zwar nicht behaupten, dass ich damit jemandem direkt das Leben gerettet habe, aber es hat mit dabei geholfen, wenigstens zwei Gliedmassen zu retten (eine Hand und ein Bein in zwei verschiedenen Unfällen). Das hätte natürlich jedes andere scharfe und zuverlässige Messer auch getan, aber heute gibt es speziell für den Rettungsdienst konzipierte Messer.

Oben: Das Rettungsmesser «Land & Sea Rescue» von Cold Steel ist ein recht einfaches Messer mit einer Klinge mit Sägezahnung, die Spitze ist stumpf. Dieses Messer schneidet so gut wie jedes Material, hier gilt die Regel: Wenn man es mit einem Messer schneiden kann, dann mit diesem.

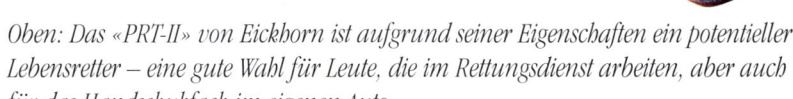

Oben: Das «PRT-II» von Eickhorn ist aufgrund seiner Eigenschaften ein potentieller Lebensretter – eine gute Wahl für Leute, die im Rettungsdienst arbeiten, aber auch für das Handschuhfach im eigenen Auto.

Das von der Firma Cold Steel gefertigte Rettungsmesser «Land & Sea Rescue» ist ein gutes Beispiel für ein einfacher ausgeführtes Exemplar dieser Gattung. Es hat eine Klinge mit Sägezahnung aus rostfreiem Edelstahl mit Sicherung, einen zähen und rutschfesten Griff aus dem Kunststoff Zytel und eine Öse für eine Fangschnur sowie einen integrierten Hosentaschenclip. Das Messer kann mit einer Hand geöffnet werden, indem man die beidhändig bedienbare Sicherung am Klingenrücken bedient. Die Sicherung hält die geöffnete Klinge sicher fest, sie wird eingeklappt, indem man mit dem Daumen auf die Rückensicherung drückt. Die Klinge mit ihrer stumpfen Spitze ist so geformt, dass sie nicht sticht, auch wenn man im Notfall nahe am menschlichen Körper damit arbeiten muss, wenn man zum Beispiel ein Unfallopfer aus den Sicherheitsgurten schneiden muss oder wenn das Messer versehentlich herunterfällt. Die Klinge hat zwei verschiedene Arten von Sägezahnung – fein und grob, die über die gesamte Länge der Schneide gehen, nur der Bereich direkt vor der Spitze hat auf ca. 13 mm Länge keine Zahnung. Die Stahlklinge aus dem Stahl AUS 8A durchschneidet die meisten Bleche problemlos, das gilt auch für dickere Bleche, die man mit kurzen Schnitten bearbeiten kann ... aber so etwas sollte man natürlich nur im wirklichen Notfall machen, und hinterher kann man die Klinge dann mühevoll nachschärfen. Zusätzlich kann man mit dieser Klinge natürlich die meisten Arten von Tauwerk, Seile und Bänder und leichte Drähte durchschneiden, aber auch Äste und andere Naturmaterialien.

Rechts: Nebst der hervorragenden Klinge hat das «PRT-II» einen Schneider für Gurte und einen gehärteten Stift am Griff, mit dem man Glas zerbrechen kann.

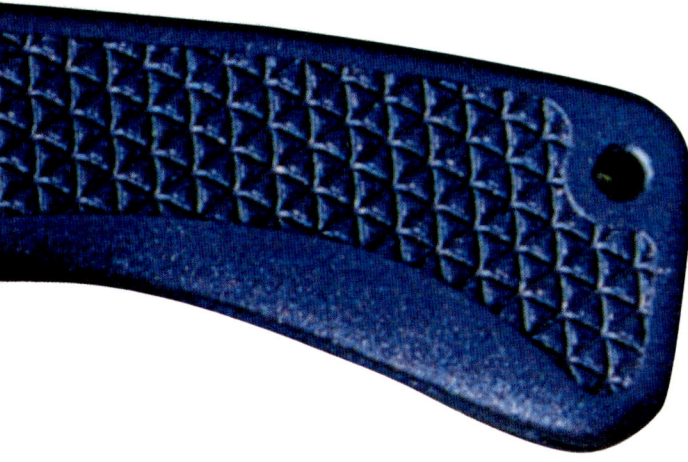

Ich verwende eines dieser Messer jetzt seit drei oder vier Jahren, und die Klinge ist immer noch unglaublich scharf, obwohl ich mich so gut wie gar nicht darum gekümmert habe. Aufgrund der Bauweise aus rostfreiem Edelstahl und Zytel-Kunststoff bleibt das Messer auch von Korrosion verschont. Wenn man bestimmte faserreiche Materialien schneidet, dann können sich die feinen Zähne an der Klinge zusetzen, so dass die Klinge zeitweilig etwas schlechter schneidet, aber die grossen Zähne sorgen dafür, dass man weiter schneiden kann, und wenn man die Klinge dann reinigt, dann ist sie wieder so scharf wie vorher.

Das Originalmesser «PRT-II» von Eickhorn ist eines der klassischen Rettungsmesser, es kommt aus Solingen und gehört zu einer ganzen Palette von Rettungsmessern für Feuerwehrleute, Polizisten und Rettungssanitäter.

Die Abkürzung «PRT» bedeutet «pocket rescue tool», auf Deutsch heisst das «Rettungsmesser für die Tasche», es ist also ein Klappmesser mit einer Klingensicherung. Es wurde speziell für denjenigen Kundenkreis entwickelt, der gern ein leichtes Messer haben möchte. Die Firma stellt auch extrem widerstandsfähige Rettungsmesser mit fest stehender Klinge her. Das PRT hat eine Mehrzweckklinge, die zur Hälfte mit einer Sägezahnung versehen ist, sie besteht aus dem Stahl 440A. Sie hat einen integrierten Schneider für Gurte, der sich im Griff befindet, und den kann man auch bei eingeklappter Klinge verwenden. Falls das Opfer aber in Tauwerk oder ähnlichem Material verfangen ist (das habe ich einmal bei einem sehr bösen Unfall so erlebt), dann nutzt einem der Gurtschneider natürlich nichts, denn man kann damit nur flache Gurte durchschneiden. Dann braucht man die Hauptklinge des Messers, und in solchen Situationen ist eine Klinge mit stumpfer Spitze besser geeignet als die Klinge dieses Messers mit ihrer Mittelspitze.

Eine weitere Variante des Rettungsmessers ist das «First Response» von Smith & Wesson. Dieses Modell wurde von einem bekannten Messermacher entwickelt, er heisst Blackie Collins. Wenn es um seine Arbeit geht, dann macht er nicht gern Kompromisse, und so kann man davon ausgehen, dass dieses Messer sehr gut durchdacht ist. Das Messer «First Response» ist ein ausgesprochenes Spezialmesser, und die neuste Version hat im Vergleich zu den älteren Ausführungen eine völlig neu konzipierte Klinge. Aus Sicherheitsgründen ist die Spitze stumpf, die ungewöhnlich geformte Klinge ist von beiden Seiten geschliffen. Auch die neue Klingenform weist wieder die abgerundete Spitze auf, die im Notfall als Schraubendreher oder Hebel verwendet werden kann. Ich kenne nur einen Hersteller, der auf diesen Verwendungszweck hinweist, aber im Notfall muss alles möglich sein, und der Achsstift für die Klinge hat eine Stärke von 18 mm, damit die Verbindung von Klinge und Griff wirklich widerstandsfähig ist. Die Klinge aus dem Stahl 440 mag merkwürdig aussehen, aber sie ist trotz ihrer eigenartigen Form unglaublich scharf. Der geriffelte Stahlknopf auf beiden Seiten der Klinge dient zum einhändigen Öffnen der Klinge, und sie wird durch eine Rückensicherung offen gehalten. Ein weiteres ungewöhnliches Merkmal ist der Stahlstift mit gehärteter Spitze, der unter Federspannung steht und mit dem man Sicherheitsglas wie zum Beispiel Autoscheiben oder Doppelverglasungen aufbrechen kann.

Das Modell «First Response» von Smith & Wesson ist ein Rettungsmesser mit besonderen Funktionen. Es hat ein Spezialwerkzeug zum Zerbrechen von Glasscheiben und eine Sicherheitsklinge, die im Notfall als Hebel dienen kann.

Messer sammeln

Wie ich schon vorher erwähnt habe, bin ich kein Messersammler. Ich kann aber durchaus verstehen, dass dieses Hobby seine Reize hat. Das Interesse eines Sammlers kann auf der Qualität oder Seltenheit eines Messers beruhen, manchmal wird es auch gesammelt, weil es für ein Stück aus einer bestimmten geschichtlichen oder ethnischen Periode stellvertretend ist. Ausserdem gibt es viele Sammler, die grosses Interesse an einem bestimmten Hersteller oder einem individuellen Messermacher haben.

Historische Messer

Obwohl es einen Markt für antike Feuersteinmesser und Messer aus Kupfer und Bronze gibt, sind das sehr spezielle Sammelgebiete. Solche Messer werden hauptsächlich bei den Versteigerungen grosser Auktionshäuser angeboten – manchmal kann man sie aber auch im normalen Einzelverkauf finden, und hin und wieder sind die Preise sogar erstaunlich moderat. Im Gegensatz dazu können Messer aus der Eisenzeit – wenn sie in einem guten Zustand angeboten werden – überaus teuer sein, einfach deswegen, weil die meisten erhalten gebliebenen Exemplare stark korrodiert sind. Das gilt auch für eiserne Blankwaffen aus der Zeit vom 1. bis zum 10. Jahrhundert nach Christi Geburt. Spätere Stahlmesser ab dem Mittelalter trifft man viel öfter an, und solche Messer können sich immer noch in einem hervorragenden Zustand befinden.

Ab ungefähr 1200 n.Chr. begannen sich auf das Messermachen spezialisierte Handwerker in Sheffield in England, Solingen in Deutschland und Thiers in Frankreich anzusiedeln. Diese drei Orte sind auch heute noch Zentren der Schneidwarenherstellung, und dort werden Messer von hervorragender Qualität gefertigt. Es wurden im Verlauf der Zeit viele unterschiedliche Messertypen gefertigt, und man sollte daran denken, dass früher der Dolch bei feinen Herrschaften einfach zur Bekleidung gehörte und dass er auch modischen

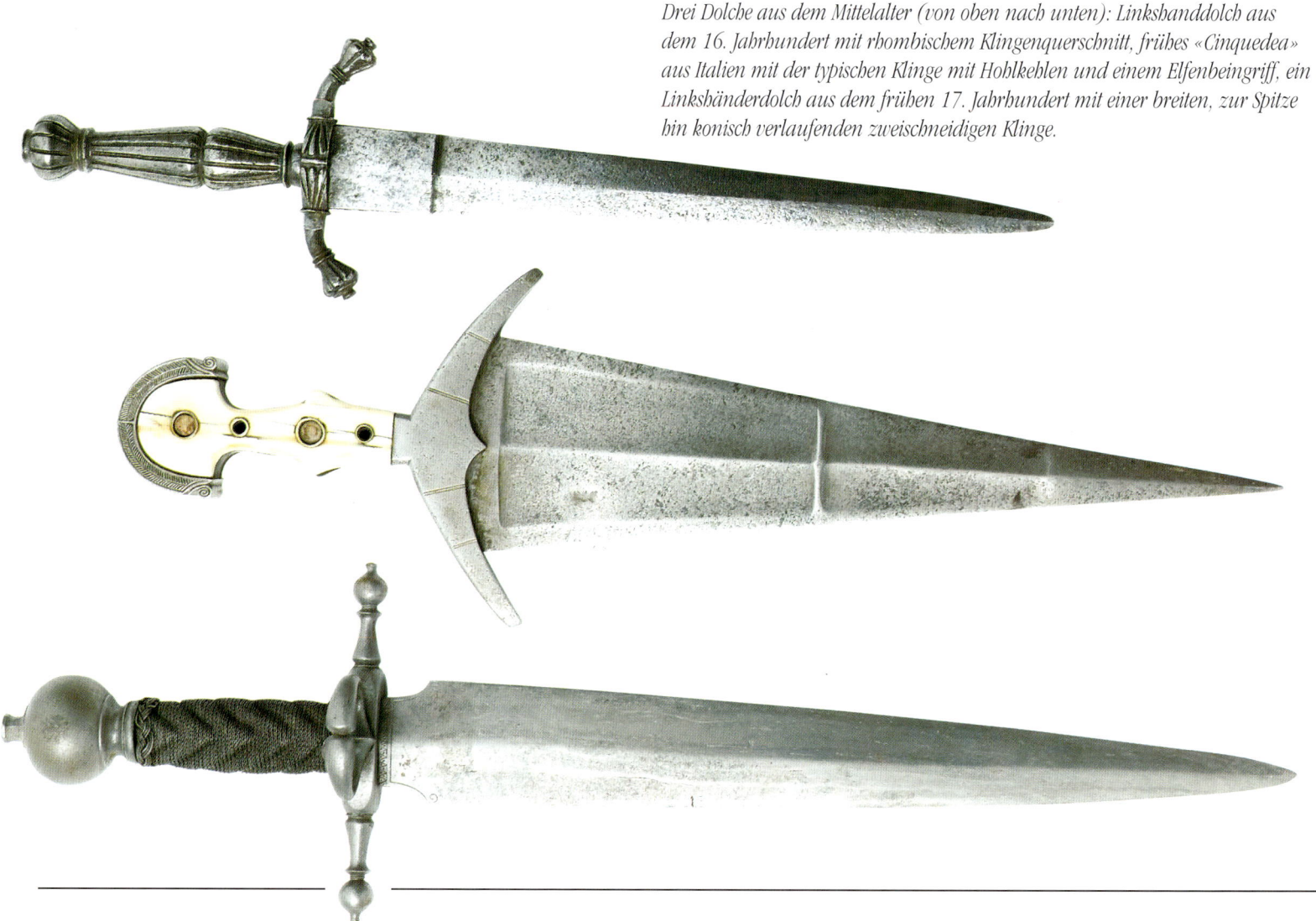

Drei Dolche aus dem Mittelalter (von oben nach unten): Linkshanddolch aus dem 16. Jahrhundert mit rhombischem Klingenquerschnitt, frühes «Cinquedea» aus Italien mit der typischen Klinge mit Hohlkehlen und einem Elfenbeingriff, ein Linkshänderdolch aus dem frühen 17. Jahrhundert mit einer breiten, zur Spitze hin konisch verlaufenden zweischneidigen Klinge.

MESSER SAMMELN

Typisch mittelalterliche Dolche in Sammlerqualität (von unten): Nierendolch, 15./16. Jahrhundert (so genannt nach der Form der Verdickungen unterhalb des Griffes, welche die Parierstange bildeten); ein Dolch aus dem 17./18. Jahrhundert mit Vierkantklinge und Hohlkehlen, der im spanischen oder skandinavischen Stil geschnitzte Griff besteht aus Buchsbaumholz; Scheibendolch, 15. Jahrhundert mit Elfenbeingriff; Dolch, 15. Jahrhundert mit Klinge mit rhombischem Querschnitt und Y-förmigem Elfenbeingriff; Dolch, 15. Jahrhundert mit flacher Klinge mit rhombischem Querschnitt, kleiner Parierstange aus Stahl, spiralförmig gedrehtem Holzgriff und Knauf aus Messing.

ESSBESTECKE

In früheren Zeiten waren Essbestecke aus Eisen und Stahl relativ teuer, und im Gasthof wurden sie nicht gestellt. Römische und griechische Reisende brachten ihre eigenen Messer zum Essen mit, und manchmal hatte man auch einen Löffel und/oder eine zweizinkige Gabel dabei. Nachdem Essbestecke aufgrund neuer Herstellungsverfahren billiger geworden waren, begannen die Wirte zwar damit, sie ihren Gästen zur Verfügung zu stellen, aber es blieb noch bis ins 20. Jahrhundert Brauch, dass man sein eigenes Besteck zum Essen mitbrachte. Das galt besonders bei Wanderarbeitern im Mittelmeerraum.

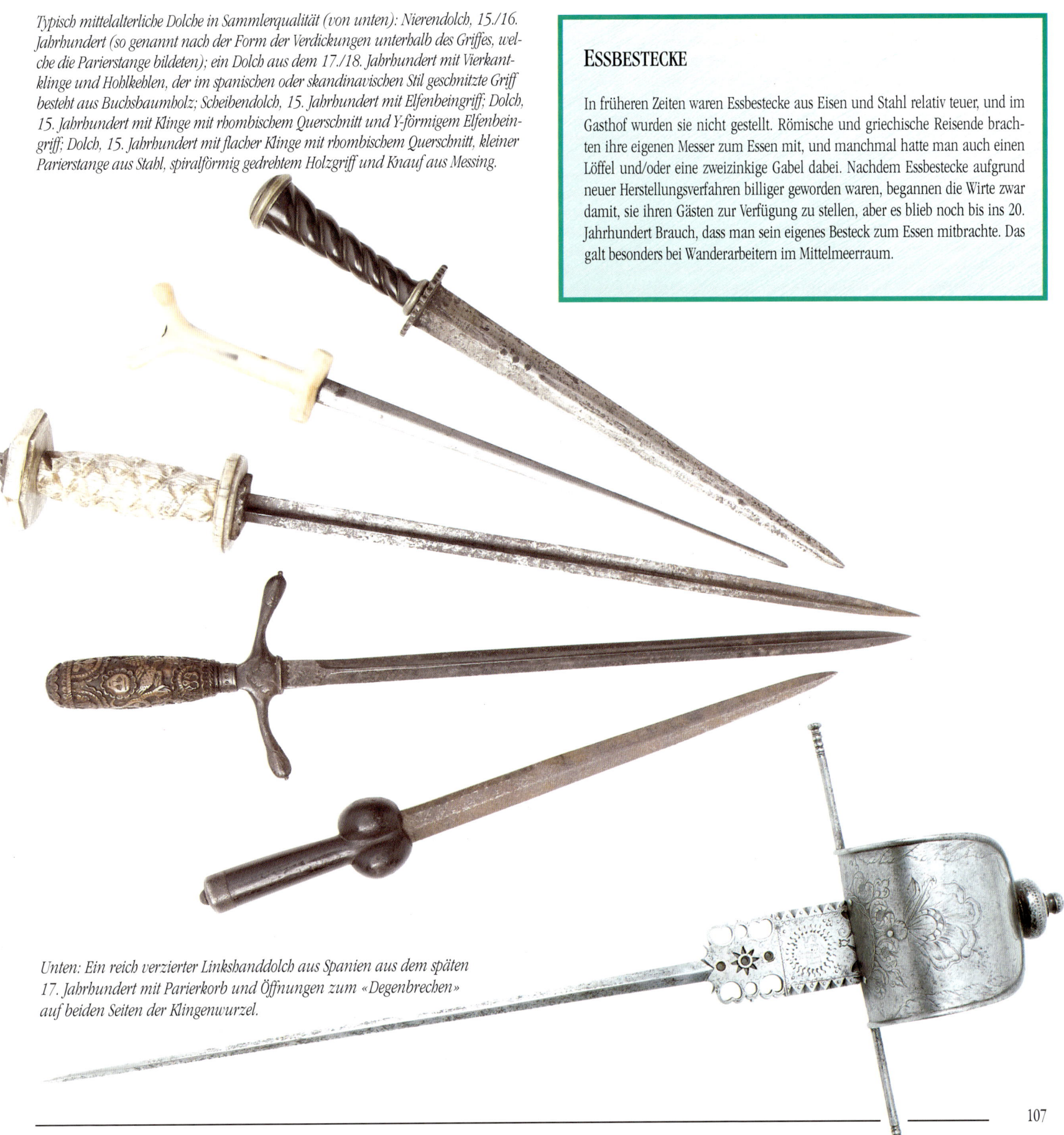

Unten: Ein reich verzierter Linkshanddolch aus Spanien aus dem späten 17. Jahrhundert mit Parierkorb und Öffnungen zum «Degenbrechen» auf beiden Seiten der Klingenwurzel.

Messer

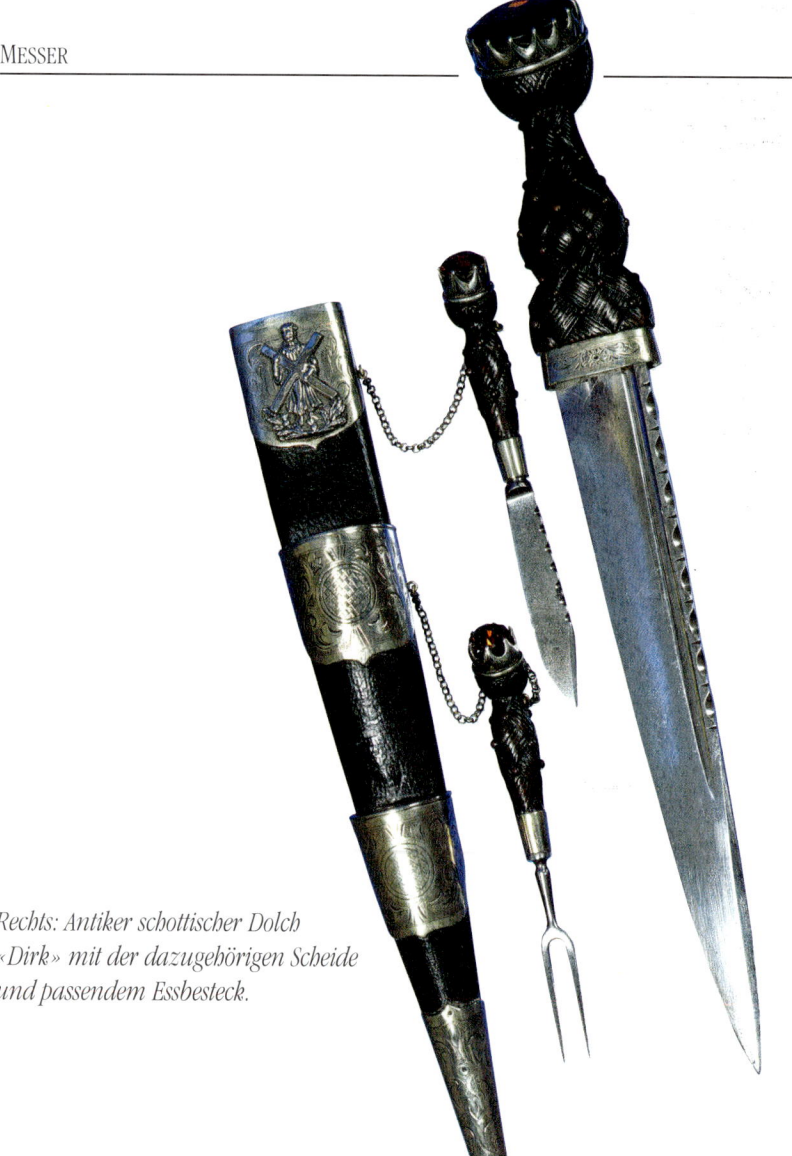

Rechts: Antiker schottischer Dolch «Dirk» mit der dazugehörigen Scheide und passendem Essbesteck.

Einflüssen unterlag, so dass einige sehr aufwendig verzierte Konstruktionen entstanden. Beispiel für die häufiger anzutreffenden einfacheren mittelalterlichen Messer finden sich ab und zu in grösserer Zahl bei Versteigerungen von Waffen und Rüstungen, und ihre Preise sind natürlich von ihrem Zustand und ihrer Seltenheit abhängig. Basilarde und Ohrendolche werden nicht so oft zum Kauf angeboten, und deswegen sind sie auch entsprechend teurer.

Fünfhundert Jahre lang änderte sich das Grundkonzept nicht wesentlich, die Dolche hatten eine Parierstange und normalerweise eine zweischneidige Klinge, das galt besonders für die vielen Ausführungen der Linkshanddolche und Degenbrecher. Eine bemerkenswerte Ausnahme ist die italienische Cinquedea aus dem 15./16. Jahrhundert mit ihrer charakteristischen breiten Klinge mit Hohlkehlen (der Name Cinquedea bezieht sich auf die Breite der Klinge, sie ist nämlich fünf Finger breit) und der Parierstange im Stil des römischen Gladius.

Der Schottische Dolch «Dirk» und der «Skean Dhu»

Eine besonders typische Messerform aus der Zeit des 17. und 18. Jahrhunderts ist der schottische «Dirk» (der aus dem früheren Nierendolch hervorgegangen ist). Diese Dolchform wird schon seit über 200 Jahren von den Offizieren der schottischen Hochlandregimenter der britischen Armee getragen. Der Dirk hat eine Dolchklinge, die Griffe bestehen normalerweise aus Ebenholz und sind mit Schnitzereien keltischen Ursprungs verziert und im Knauf befindet sich ein Halbedelstein. Die Lederscheide ist mit Holz verstärkt und hat vorn zwei kleine Öffnungen, in die ein zum Dirk passendes kleines Messer und eine Gabel ge-

Ein reich verzierter Hochlanddolch «Dirk» mit dem dazu passenden Strumpfdolch «Skean Dhu». Beachten Sie die aus Halbedelsteinen geformten Knäufe der Waffen.

Frühes Bowiemesser ohne Parierstange von Wilson, Sycamore Street, Sheffield, England – diese Art des Bowiemessers war in der ersten Hälfte des 19. Jahrhunderts sehr beliebt und entsprach in ihrer Grösse und Ausführung den damaligen Schlachtermessern.

steckt werden. Die beiden Teile sind oftmals reich mit gravierten Messingbeschlägen oder Silberbeschlägen und Nägeln verziert.

Zum Dirk wird traditionell ein weiterer kleinerer Dolch getragen, der «Skean Dhu» oder auch «Sgian Dubh» heisst. Dieses kleine Messer gehört zur traditionellen Tracht der schottischen Hochländer und wird oben in den Kniestrumpf gesteckt. Der Name bedeutet «schwarzes Messer». Obwohl das Messer normalerweise einen schwarzen Griff hat, geht man davon aus, dass das Wort schwarz in diesem Zusammenhang die Bedeutung von «dunkel» oder «versteckt» oder auch «geheim» hat. Das bezieht sich auf die Trageweise eines solchen Dolches, den die Schotten im 18. Jahrhundert in der Achselhöhle unter ihrer Jacke trugen, weil ihnen die Engländer das Tragen von Waffen verboten hatten.

Militärisch geführte Dolche vom Typ Dirk und Skean Dhu tragen normalerweise ein Regimentswappen auf dem Messer selbst oder auf der Scheide. Antike Stücke in Militär- und Zivilausführung sind sehr teuer.

Ab Mitte des 19. Jahrhunderts unterlag auch das Bowiemesser modischen Einflüssen, es war also nicht mehr nur Waffe und Werkzeug. Das hier gezeigte reich verzierte Bowiemesser hat Beschläge aus Silber und Messing und einen Griff aus Hartholz, auch die verstärkte Lederscheide ist mit Verzierungen versehen.

DAS BOWIEMESSER

Nur sehr wenige Blankwaffen sind so berühmt geworden, dass ihre Bezeichnung in die Umgangssprache eingeflossen ist, und es gibt nur eine einzige, die den Namen ihres ursprünglichen Besitzers aus dem 19. Jahrhundert bis zum heutigen Tage behalten hat. Das ist das Bowiemesser, das zum ersten Mal von dem berühmten Waldläufer James Bowie geführt wurde.

Im frühen 18. Jahrhundert führte jeder Mann im amerikanischen Grenzgebiet ein grosses Messer, das oft als Schlachtermesser bezeichnet wurde. Es war seine Seitenwaffe und sein Werkzeug. Um 1830 herum wurde nach dem Duell von Sandbar am Mississippi das Messer von James Bowie allgemein bekannt. In der Folge wurde es tausendfach kopiert, und es hat für sich selbst und seinen Schöpfer in der amerikanischen Geschichte einen festen Platz erworben.

James Bowie wurde um 1796 in Kentucky geboren, er war eines von 10 Kindern einer Einwandererfamilie. Sein Vater kam aus Schottland, seine Mutter aus Wales. 1801 lebte die Familie in Louisiana, wo sie erfolgreich eine Plantage und eine Ranch betrieb. James hatte ein sehr enges Verhältnis zu seinen Brüdern Rezin und John. Er wurde als gross und stark beschrieben, mit rotblondem Haar, grauen Augen und heller Gesichtsfarbe. Sein Charakter wurde als etwas kompliziert beschrieben, er konnte offen, ehrlich und freundlich, aber auch verschlossen, rücksichtslos und aufbrausend sein. Er machte sich bei seinen Geschäften eine ganze Reihe von Feinden, und zu denen gehörte auch ein gewisser Major John Norris Wright, der als Bankier und Sheriff tätig war. Im Jahre 1826 schoss

MESSER

*Unten: Ein Bowiemesser vom Typ «I*XL» mit der typischen Klinge und der Parierstange, es wurde ca. 1955 von George Wostenholm & Son, Washington Works, Sheffield gefertigt. Dort wurden schon seit dem frühen 19. Jahrhundert Bowiemesser gefertigt, als James Bowie noch lebte.*

Als die Bowiemesser im frühen bis mittleren 19. Jahrhundert immer beliebter wurden, stieg die Nachfrage dermassen an, dass viele europäische Hersteller den amerikanischen Markt belieferten. Dieses Messer stammt aus Deutschland, es hat die typische Bowieklinge, einen Griff aus Hirschhorn und eine verstärkte Lederscheide mit Scheidenmund und Gürtelclip aus Metall.

Norris Wright auf Bowie – aber zum Glück prallte die Kugel ab. Im Jahre 1827 tötete Bowie den Major im Duell von Sandbar mit einem Messer (siehe separater Kasten), und danach floh er nach Westen in Richtung Texas, das damals noch auf mexikanischem Territorium lag. In Texas wurde er dann von drei gedungenen Mördern angegriffen, aber er tötete zwei von ihnen mit seinem Messer und verwundete den dritten schwer.

Nach diesem Zwischenfalls, dem Duell von Sandbar und den vielen anderen Kämpfen von Bowie mit Indianern wurden sein Name und sein Messer gleichermassen berühmt. Die amerikanischen Schmiede und Messermacher in allen Teilen des Landes bemühten sich, der Nachfrage nach Messern im Bowie-Stil Herr zu werden. Einige dieser Hersteller schufen ausgezeichnete Stücke in hervorragender Qualität, die auch sehr gut aussahen, während andere wiederum ganz einfache und schlichte Schlachtermesser schufen. Zusätzlich kamen noch viele tausend Messer aus Europa auf den amerikanischen Markt. Besonders die Messerindustrie im englischen Sheffield erkannte die Nachfrage nach grossen Messern schnell, allerdings war die Umsetzung des Konzeptes manchmal etwas merkwürdig und daher unpraktisch. Es ist bekannt, dass James Bowie selbst eine Bestellung über 12 Messer bei der Firma George Wostenholm & Son Ltd. aufgab, und im Alamo-Museum in San Antonio in Texas kann man ein Messer dieses Herstellers aus Sheffield sehen, das allerdings erst lange nach dem Tod von Bowie gefertigt wurde.

Als Oberst in der Miliz von Texas kämpfte Bowie mit für die Unabhängigkeit des Landes. Zusammen mit den Obristen William Travis, Davy Crockett und einer Gruppe von nicht

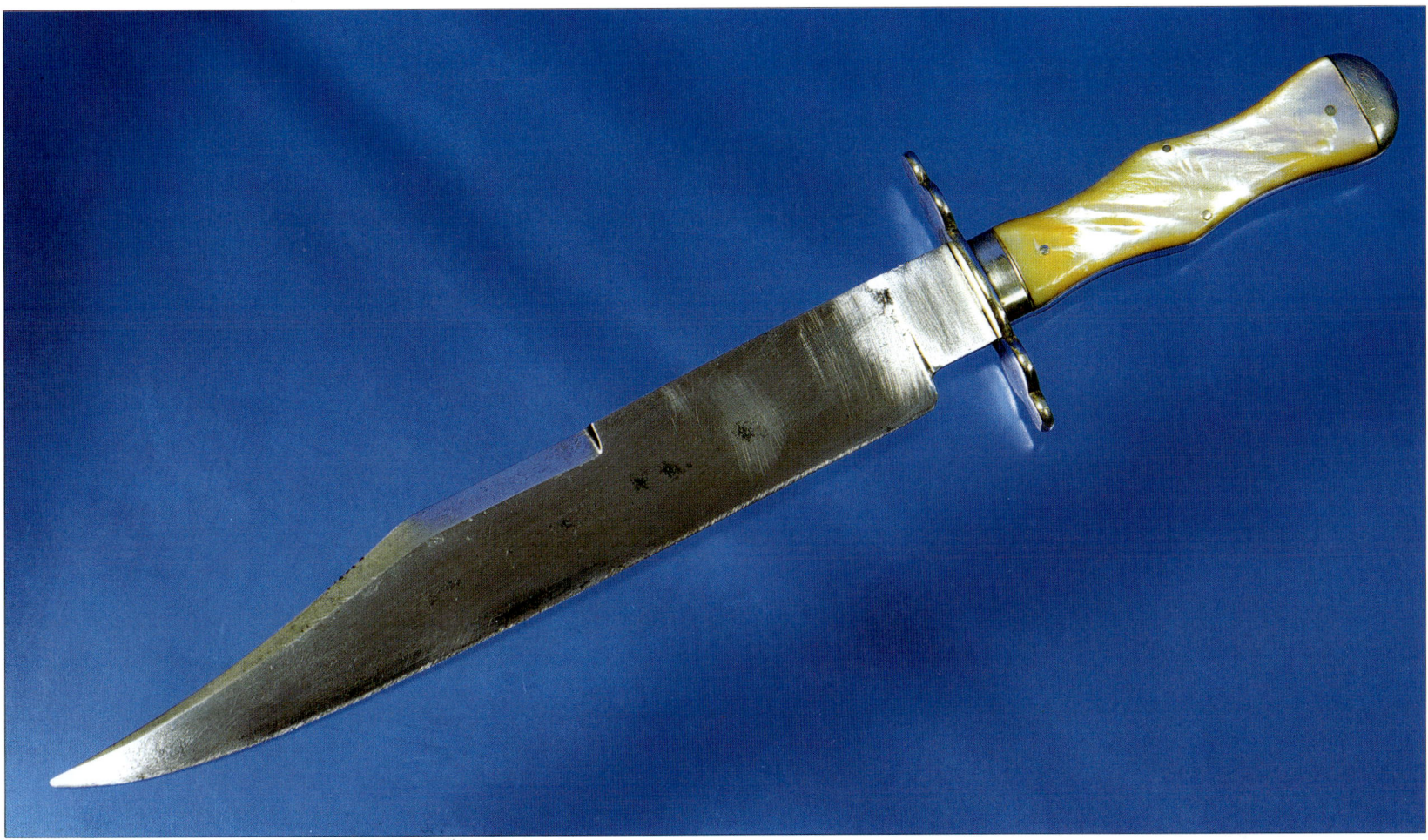

Ein weiteres prächtiges Bowiemesser mit langer Klinge, Griffschalen aus Perlmutt, Silberbeschlägen und Silberstiften – diese Art Messer war im 19. Jahrhundert in den Südstaaten und auf den Schaufelraddampfern auf dem Mississippi sehr beliebt.

einmal 200 Freiwilligen verteidigte Bowie die Missionsstation von Alamo in San Antonio gegen den General Santa Ana und eine mexikanische Streitmacht von ca. 5'000 Soldaten. James Bowie fiel wahrscheinlich am 6. März 1836. Allerdings war er damals schon schwer krank, wahrscheinlich hatte er eine Lungenentzündung oder Tuberkulose und hat wahrscheinlich an den Kämpfen gar nicht teilgenommen.

Die Vereinigung der «Daughters of the Republic of Texas», die den Schrein und das Museum in Alamo verwaltet, gibt an, dass das Messer von Bowie nie gefunden wurde. Obwohl im Museum mehrere Messer vom Typ Bowie ausgestellt sind, ist keines davon das Originalmesser, das einst James Bowie gehörte.

Über die genaue Ausführung des Messers gehen die Meinungen auseinander. Trotzdem ist der Begriff «Bowiemesser» mittlerweile zum Gattungsbegriff für grosse Jagd- und/oder Kampfmesser geworden, die eine Klinge mit duchgebogener Spitze haben. In den meisten zeitgenössischen Berichten heisst es auch, dass das Bowiemesser gross und schwer war, dass es eine Parierstange aus Messing besass und eine einzige, rasiermesserscharfe Schneide, die in einer lang geschwungenen Biegung zur Spitze hinauf ging. Der breite Klingenrücken war ausser im Bereich der Schneide nicht geschärft, dort war entweder eine Fehlschärfe angebracht oder der Bereich war zwar angewinkelt, aber nicht geschärft. Anderen Berichten zufolge war das ursprüngliche Bowiemesser eine dolchartige Waffe mit einer zweischneidigen Klinge, solche Waffen werden heute als «Arkansas Toothpick» (Zahnstocher aus Arkansas) bezeichnet. Man hält diese Auffassung zwar allgemein für falsch, aber es gibt aus der Zeit des 19. Jahrhunderts sehr viele in Europa und sogar in Amerika hergestellte Messer, auf welche diese Beschreibung passt, und in vielen Katalogen werden sie sogar als «Bowiemesser» beschrieben. Bei solchen Messern kann es sich aber auch um viele andere Ausführungen handeln, mit ein- oder zweischneidiger Klinge, mit

DRACULA – DIE VERBINDUNGEN ZWISCHEN AMERIKA UND NEPAL

In der Novelle «Dracula» von Bram Stoker wurde der berüchtigte Vampir nicht mit einem Holzpfahl getötet – es war ein amerikanisches Bowiemesser, das durch das Herz des üblen Grafen getrieben wurde, zur gleichen Zeit wurde ihm der Kopf mit einem nepalesischen Kukri abgeschlagen!

Bei der Klinge des Bowiemessers geht man davon aus, dass sie eine durchgebogene Spitze hat, aber dieses «Arkansas Toothpick»-Messer hat eine lange Lanzenspitze und eine konisch geformte Klinge.

Mittelspitze oder mit duchgebogener Spitze, mit oder ohne Parierstange und mit einer ganzen Reihe von verschieden geformten Griffen.

Aber es gibt nicht nur viele verschiedene Theorien über das Aussehen des ursprünglichen Messers, auch darüber, wer es eigentlich entwickelt und gemacht hat, weiss man nicht viel. Man könnte meinen, dass einer der Brüder von James Bowie dafür verantwortlich war. Zwar behauptete auch Rezin Bowie, dass er ein Messer mit einer einschneidigen Klinge entwickelt und es vom örtlichen Grobschmied Jesse Clift hatte machen lassen, aber auch sein Bruder John behauptete, dass ein Grobschmied namens Snowdon das Messer gefertigt hatte.

Es erscheint mir aber so, dass unser heutiges Bowiemesser das Endergebnis einer ganzen Reihe von Messerentwicklungen ist. Die Vorläufer unseres heutigen Bowiemessers in der allgemein geläufigen Form waren die europäischen und amerikanischen Handels- und Schlachtermesser, die im frühen 19. Jahrhundert überall im Gernzgebiet anzutreffen waren. Die durchgebogene Spitze und die lang ausgerundete Schneide finden sich aber

MORDGERÄT?

Als im Jahre 1837 die Nationalversammlung des amerikanischen Bundesstaates Arkansas zum ersten Mal zusammentrat, tötete ihr Vorsitzender John Wilson den Abgeordneten Major J.J. Anthony im Erdgeschoss des Parlamentsgebäudes bei einem Streit über ein neues Gesetz (bei dem es um die Wolfsjagd ging). Beide Männer waren mit Bowiemessern bewaffnet, und auch Wilson wurde bei dem Kampf schwer verletzt. Wilson wurde wegen Mordes verhaftet und aus dem Repräsentantenhaus ausgeschlossen, aber das Verfahren wurde eingestellt und Wilson später wieder gewählt.

DAS BOWIEMESSER WIRD VERBOTEN

Nachdem das Bowiemesser Mitte bis Ende der 30er Jahre des 19. Jahrhunderts überaus rasch beliebt wurde und auch immer mehr Leute Angst davor hatten, befassten sich die Gesetze einiger amerikanischer Bundesstaaten damit, und es wurde 1837 in Alabama und 1838 in Tennessee verboten. Ein weniger scharfes Gesetz über das Duellieren, in dem das Bowiemesser ausdrücklich genannt war, wurde 1837 in Mississippi erlassen.

MESSER SAMMELN

Dieses Messer wird zwar als Bowiemesser beschrieben, aber es hat eine 280 mm lange Klinge mit einer Mittelspitze – es wurde in Sheffield von Wade, Wingfield & Rowbotham gefertigt. Im 19. Jahrhundert wurde es üblich, alle grossen Messer als Bowiemesser zu bezeichnen, damit sie sich besser auf dem amerikanischen Markt verkaufen liessen.

Rechts: Ein in Deutschland hergestelltes Messer im Bowiestil mit einer ungewöhnlichen Klinge mit Hohlkehlen und einer Länge von 254 mm, mit einem aus Krone und Stern bestehenden Logo gestempelt.

Unten: Ein typischer Vertreter der Bowiemesser mit «Sarggriff» – diese beliebte Messerform wurde von Messermachern in San Francisco während der Zeit des Goldrausches in Kalifornien populär gemacht. Das hier gezeigte Messer hat einen Griff aus Horn mit Einlegearbeiten und einen mit einem Löwen verzierten Knauf. Es wurde von S. Wragg & Sons, Furnace Hill in Sheffield, England gefertigt.

113

DAS DUELL AUF DER SANDBANK

Wie es zu diesem Duell kam, spielt an dieser Stelle keine Rolle, es reicht zu erfahren, dass ein gewisser Samuel Levi Wells einen Streit mit einem Dr. Thomas H. Maddox hatte. Die beiden beschlossen, ihre Streitigkeiten in einem Duell zu regeln, das am 19. September 1827 auf einer Sandbank (wahrscheinlich war es die Insel Vidalia Island) im Mississippi zwischen Natchez im Bundesstaat Mississippi und Vidalia in Louisiana stattfinden sollte.

Abgesehen von ihren offiziellen Sekundanten hatten beide Männer eine Gruppe von Freunden mitgebracht. Maddox wurde unter anderem von Major John Norris, Wright, Oberst Robert Crain, Alfred Blanchard, Edward Blanchard und Dr. Denny begleitet. Zur Gruppe von Samuel Wells gehörten James Bowie, Thomas Wells, General Samuel Cuney, Dr. Cuney und George Whorter.

Nach den damals allgemein gültigen (wenn auch verbotenen) Regeln für den Zweikampf schossen Wells und Maddox abwechselnd aufeinander, aber keiner von beiden traf sein Ziel. Sie luden ihre Waffen erneut und schossen wieder, und auch diesmal schossen sie vorbei. Man war sich jetzt einig, dass der Ehre Genüge getan war, die beiden Gegner wollten sich die Hände schütteln und die Sache zum Abschluss bringen. Leider waren aber ihre beiden Gruppen von Begleitern mit diesem Ausgang nicht zufrieden, und so schlug das Duell in eine allgemeine Keilerei um.

Die meisten zeitgenössischen Berichte bestätigen die Hauptpunkte der nun folgenden schrittweisen Aufzählung, aber der Gesamtablauf und bestimmte Einzelheiten sind auch heute nicht geklärt. Bowie feuerte auf Robert Crain, verfehlte aber sein Ziel. Crain erwiderte das Feuer mit zwei Schüssen und fügte Bowie einen Durchschuss an der Hüfte zu, der andere Schuss tötete Samuel Cuney. Dann zog Bowie sein «grosses Schlachtermesser», aber Crain brachte ihn mit einem gewaltigen Schlag mit dem Griff seiner Pistole zu Boden. Dann versuchte Maddox, Bowie am Boden zu halten, was ihm aber nicht gelang, er wurde fortgestossen. Dann schoss Norris Wright und traf Bowie unten am Brustkorb. Noch am Boden liegend schoss Bowie zurück und traf Norris Wright. Alfred Blanchard und Norris gingen dann auf Bowie los (mit Messern, Degen oder Stockdegen, wenn man den jeweiligen zeitgenössischen Berichten glauben darf) und stachen mehrfach auf ihn ein. Als sich dann Norris Wright über ihn beugte, um ihm «den Rest zu geben», stach ihm Bowie mit dem Messer in die Brust, satnd auf und verwundete Alfred Blanchard schwer mit dem Messer. Daraufhin schoss Alfred Blanchard Bowie in den Oberschenkel und wurde daraufhin von Wells angeschossen und verwundet. Dann wurde der Kampf abgebrochen, es gab sechs Tote und 15 Verwundete. Erstaunlicherweise war Bowie trotz seiner ganzen Verwundungen am Leben geblieben.

Zu diesem Zeitpunkt – wenn man den Angriff von Major Norris vom Vorjahr mitzählt – hatte Bowie mindestens vier Kugeltreffer, mehrere Verwundungen durch

Der Markt für Bowiemesser war und ist so lukrativ, dass sie auf der ganzen Welt gefertigt werden – das hier gezeigte Messer wurde in Indien gefertigt.

Oben: Ein weiteres, reich verziertes Bowiemesser aus dem 19. Jahrhundert. Die Griffschalen bestehen aus Perlmutt, Knebel und Knauf sind aus Silber mit Verzierungen.

Dieses Jagdmesser aus dem 20. Jahrhundert ist in einer Art ausgeführt, die von den meisten Leuten als Bowiemesser angesehen wird: Die grosse Klinge hat eine durchgebogene Spitze und es ist eine Parierstange vorhanden.

Blankwaffen und einen heftigen Schlag über den Schädel überlebt ... Wenn auch nur die Hälfte dieser Informationen stimmt, dann war James Bowie ein überaus zäher Typ.

Es gibt über das Duell auf der Sandbank viele reisserische und schaurige Berichte. Einer davon besagt, dass Bowie seinem Gegner Norris Wright die Wirbelsäule durchgetrennt und ihn so buchstäblich fast in zwei Hälften zerteilt hätte. Das mag wahr sein oder nicht, aber auf jeden Fall war Bowies Ruf als Messerkämpfer und Überlebender schon fast Legende, und alle Zeugen erinnerten sich an das grosse «Schlachtermesser» von Bowie, das von nun an als das «Bowiemesser» bekannt war.

auch an Messern spanischen Ursprungs aus Mexiko. Man kann wohl davon ausgehen, dass James Bowie sein Messer für Freunde und Würdenträger kopieren liess, und so ist es durchaus möglich, dass mehr als ein Schmied oder Messermacher Messer dieses Typs für ihn herstellte.

Blankwaffen des Dritten Reiches und der anderen Achsenmächte

Die meisten Militärmesser und Bajonette werden gesammelt, und das gilt ganz besonders für die Blankwaffen des Dritten Reiches in Deutschland. Während des Naziregimes von 1933 bis 1945 gab es eine regelrechte Flut von Blankwaffen für Paradezwecke, die aus Solingen, dem berühmten Zentrum der deutschen Schneidwarenindustrie kamen. In den vorangegangenen Jahren der wirtschaftlichen Krisen hatte Solingen schwer gelitten. Die nun in Deutschland regierende NSDAP verlieh diese Ehrendolche an Offiziere, Unteroffiziere und Mannschaften der Streitkräfte und anderer militärischer Formationen, in der Hauptsache an die SA (Sturmabteilungen) und später an die elitäre SS (Schutzstaffel). Aber auch andere Parteimitglieder aus allen möglichen zivilen Bereichen wurden damit bedacht. Diese Dolche, Dolchmesser, Degen und Hauer waren mit den Emblemen der Nazis wie zum Beispiel Runen oder Hakenkreuzen verziert, und damit versuchte man eine Verbindung zu den legendären Vorfahren zu schaffen, nämlich den germanischen Helden. Die bei der SA und der SS geführten Dolche hatten den mittelalterlichen Dolch vom Typ Basilard als Vorbild.

Die italienischen Faschisten unter ihrem Führer Mussolini hatten ebenfalls eine Vorliebe für prunkvolle Blankwaffen, die aber nicht mit dem von den Nazis in Deutschland getriebenen Aufwand verglichen werden kann. Natürlich versuchten die Italiener bei der Gestaltung ihrer Dolche eine Verbindung zwischen der faschistischen politischen Doktrin und dem Römischen Weltreich der Antike zu schaffen.

Die militaristische Gesellschaft Japans hatte bis zum Ende des 2. Weltkrieges traditionell immer mehr Interesse an Schwertern als an Messern gehabt, allerdings erhielten alle im aktiven Dienst stehenden Offiziere einen Dolch. Auch hochstehende Mitglieder

Linke Seite:
1. Offizieller Dolch des Aussenministeriums der NS-Regierung mit einer 260 mm langen Klinge, Griffschalen aus Perlmutt, Silberbeschlägen und versilberter Scheide – der Dolch des diplomatischen Dienstes ist beinahe gleich, aber der Reichsadler auf der Parierstange blickt zur anderen Seite.
2. Luftwaffendolch, Muster 1934, für Offiziere und Unteroffiziere, 300 mm lange Klinge mit blauer Lederscheide und Silberbeschlägen.
3. Dolch des Deutschen Luftsport-Verbandes (DLV), hergestellt von Josef Münch, Brotterode.
4. Luftwaffendolch, Muster 1937, mit geätzter, 257 mm langer Klinge, Parierstange und Knauf aus Aluminium.
5. Hirschfänger des Reichsforstamtes für höhere Dienstgrade, mit geätzter, 330 mm langer Klinge, verziertem Parierbogen mit Elfenbeingriffschalen.
6. Dolch der Bahnschutzpolizei, Muster 1938, mit einer 257 mm langen Klinge – der Dolch entsprach weitgehend der Heeresausführung, hatte aber das Abzeichen der Bahnschutzpolizei auf der Parierstange und schwarze Kunststoffgriffe.
7. Heeresdolch aus der Zeit des 3. Reiches, aber mit den schwarzen Griffschalen der Bahnpolizei – der normale Griff war cremefarben oder orange.
8. Normalausführung des Heeresdolches mit Scheide.
9. Offiziersdolch der SS, Muster 1936.
10. Dolch der Zollverwaltung, Klinge und Knauf entsprechen dem Heeresdolch, allerdings ist die Parierstange etwas anders ausgeführt, der Adler auf dem hier gezeigten Exemplar hat nämlich nach oben geschwungene Flügel.

Oben:
1. Dolch des Roten Kreuzes mit einer breiten, 266 mm langen Klinge mit Hohlkehlen und Sägezahnung, stumpfe Spitze in Meisselform.
2. Seitengewehr für die Ausgehuniform, Privatkauf, die einschneidige Klinge ist geätzt und trägt die Inschrift «Zur Erinnerung an meine Dienstzeit».
3. Dolch der SA, Muster 1933, mit der Inschrift «In Herzlicher Freundschaft Ernst Röhm. Nachdem Röhm zusammen mit anderen SA-Führern auf Befehl Hitlers in der so genannten «Nacht der langen Messer» im Juni 1934 ermordet wurde, warfen viele SA-Männer ihren Dolch fort oder liessen die Inschrift ausschleifen. Deshalb ist diese Ausführung des SA-Dolches selten.
4. Rückseite des SA-Dolches von Abb. 3.
5. SA-Dolch mit Klinge aus Damast und Beschriftung «Alles für Deutschland» in Gold. Diese Ausführung kostete ungefähr vierzigmal soviel wie die normale Ausführung und ist daher sehr selten.
6. Fahrtenmesser der HJ (Hitlerjugend) mit einer 140 mm langen Klinge.
7. Offiziersdolch des Roten Kreuzes mit zweischneidiger, 250 mm langer Klinge.
8. Offiziersdolch des Reichsarbeitsdienstes mit der Beschriftung «Arbeit adelt».
9. Hauer des Reichsarbeitsdienstes für Mannschaften. Die 250 mm lange Klinge trägt das dreieckige Symbol des RAD und den Namen des Herstellers Carl Julius Krebs.
10. Seitengewehr der Polizei. Diese Blankwaffe entsprach weitgehend dem normalen Bajonett, hatte aber keine Vorrichtung zum Aufpflanzen.

MESSER

der Verwaltung wie Polizei, Feuerwehr, Eisenbahn und sogar Rotes Kreuz wurden mit Dolchen ausgestattet. Das wohl berühmteste japanische Militärmesser war der Dolch der Kamikaze-Flieger, der den Selbstmordpiloten der Luftwaffe und Marine verliehen wurde. Es waren relativ einfache, kurze Messer ohne Stichblatt oder Parierstange, diese japanischen Messer werden als «Aikuchi» bezeichnet. Die Kamikaze-Piloten nahmen ihre Messer mit auf ihren Selbstmordeinsatz, bei dem sie versuchten, sich auf feindliche Schiffe zu stürzen. Aus diesem Grund sind solche Messer extrem selten.

MESSER DER WELT

Obwohl das Messer das am häufigsten verwendete Werkzeug der Menschheit ist, hat es sich eigentlich in jedem Land anders entwickelt, und dafür gibt es viele Gründe: örtlich verfügbare Materialien, besondere Zwecke oder einfach Mode und vorherrschender Geschmack. Das alles macht Messer für den Sammler natürlich sehr interessant, und da viele Hersteller auch heute noch Messer im traditionellen Stil des jeweiligen Herkunftslandes fertigen, kann es durchaus sinnreich sein, sich als Grundstock einer Sammlung eine Übersicht der für die jeweiligen Länder repräsentativen Messer zuzulegen. Einige der nun folgenden Messer, besonders diejenigen aus Afrika, Arabien und Asien werden normalerweise nur als Antiquitäten erworben.

Klappmesser aus Deutschland, Grossbritannien und den USA sind hier nicht aufgeführt, sie werden in anderen Kapiteln abgehandelt.

Unten: In Afrika gibt es viele Messertypen, die sich in keine bestimmte Kategorie einfügen lassen, sie sind von Land zu Land verschieden, manchmal sogar schon von Region zu Region. Dieses Messer aus dem 19. Jahrhundert stammt aus Somalia und hat eine 230 mm lange Klinge aus Stahl, der schwarze Horngriff trägt einen Knauf aus Silber. Im Sudan gibt es sehr ähnliche Dolche, die aber viel kleiner sind.

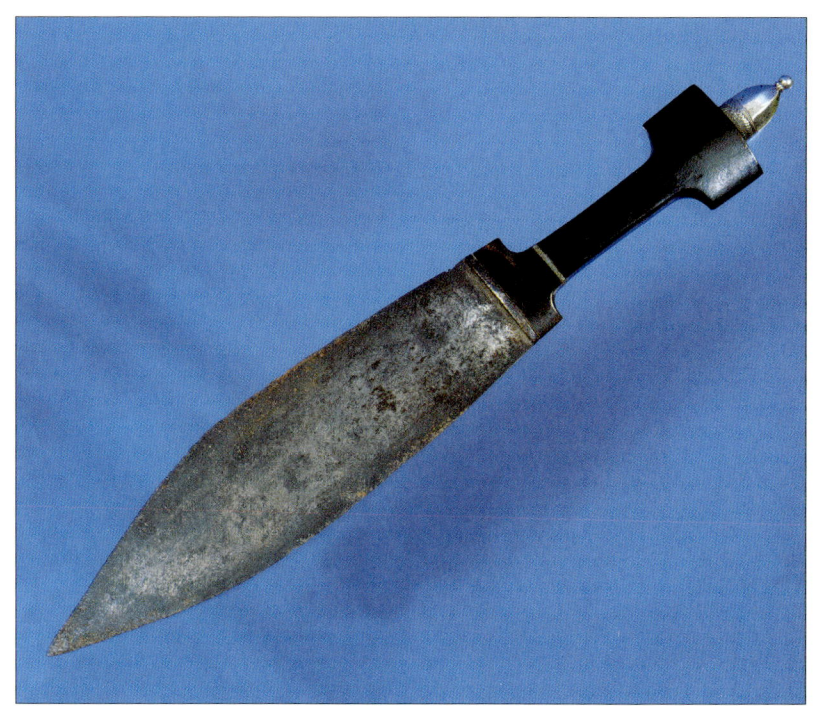

Oben: Eine Auswahl von Messern aus Asien und dem Nahen Osten (von links): ein kleines burmesisches Messer «Dha» mit Elfenbeingriff und Holzscheide, ca. Ende des 10. Jahrhunderts; ein charakteristisches Messer «Piha-Kaetta» aus Ceylon, 18./19. Jahrhundert, mit gekrümmter Klinge und Griffschalen aus Horn und Messing- und Silberbeschlägen; ein kaukasischer «Kindjal» mit konisch geformter zweischneidiger Klinge und geschwärzter, silberverkleideter Scheide; ein türkischer Dolch «Jambiya» aus dem 19. Jahrhundert, Griff und Scheide sind vollständig aus Silber und mit Ziselierungen verziert.

Dieser Stossdolch «Katar» hat eine Stahlklinge mit Hohlkehlen und einen Griff aus Messing mit zwei tonnenförmigen Querstangen.

Oben: Grosse und kleine Ausführung des indischen Stossdolches «Katar». Die beiden Querstangen werden mit der Hand umfasst und die Waffe dann nach vorn gestossen.

Rechts: Zwei indische Dolche «Khanjali» (auch «Khanjarli» genannt) aus dem 18. Jahrhundert mit geschwungener Klinge und fächerförmigem Knauf. Das obere Exemplar hat ausserdem einen Parierstangenbogen.

Messer

Dieser indonesische «Kris» weist die typische dreieckige Klingenwurzel vor dem Griff auf, die Scheide ist mit dem charakteristischen breiten Scheidenmund in Form eines Bootes versehen.

Unten: Dieser qualitativ hochwertige Dolch «Jambiya» hat einen Griff aus Silber, eine silberne Scheide und Goldeinlegearbeiten auf der Stahlklinge.

Unten: Arabischer Dolch «Jambiya» in Präsentationsausführung mit goldenem Griff und L-förmiger, vergoldeter und verzierter Scheide.

Zwei gekrümmte nordafrikanische Dolche – oben eine schmalere Ausführung des «Jambiya», wahrscheinlich aus Marokko, und darunter ein reich verzierter Dolch «Jambiya» mit verzierter Scheide.

Afrika, Arabien und Asien

Es gibt buchstäblich Dutzende von verschiedenen Messer- und Dolchtypen aus den Ländern auf diesen beiden grossen Kontinenten, und viele individuelle Typen lassen sich bestimmten Regionen zuweisen. Allerdings würde eine genaue Beschreibung den Rahmen dieses Buches sprengen. Ausserdem sind bestimmte Messertypen wie das «Barong» von den Philippinen so gross, dass sie schon in die Kategorie der Schwerter gehören. Nachfolgend sind einige derjenigen Messertypen aufgeführt, die sammelwürdig sind und die sich klar unterscheiden lassen.

Das «Dha» aus Burma und Thailand gibt es in verschiedenen Längen, es kann 25 cm lang sein, aber auch Schwertgrösse erreichen, die gerade Klinge kann aus einfachem Stahl oder aus Damast bestehen, der Griff kann aus Elfenbein oder aus silberbeschlagenem Holz bestehen. Die Scheide ist normalerweise aus Holz und mit Silberbeschlägen verziert.

Der «Katar» oder Stossdolch aus Indien wurde zum Durchstossen von Kettenpanzern entwickelt. Ungewöhnlich an diesem Waffentyp ist, dass es ihn mit einer oder drei Klingen gibt (beim letztgenannten Typ klappen die beiden zusätzlichen Klingen aus, wenn der Griff gedrückt wird).

Der «Khanjar» findet sich sowohl in Arabien als auch auf dem indischen Subkontinent. Er ist normalerweise zwischen 30 cm und 38 cm lang, hat eine geschwungene Klinge und einen Griff in der Form eines Pistolengriffs. Das Messer kann sehr schlicht oder auch verziert sein. Das «Khanjarli» ist die indische Version mit einem fächerförmigen Knauf.

Der «Kris» aus Malaisien oder Indonesien ist ein langer Dolch, der manchmal eine gewellte Klinge hat, der Griff ist meist geschnitzt. Die Scheide sieht ungewöhnlich aus, denn sie hat einen sehr breiten Scheidenmund in der Form eines Bootes. Eine längere Version dieses Messers wurde als Schwert von den Angehörigen des Moro-Stammes auf

Das Messer der Gurkha

Das «Kukri» ist das wohl berühmteste Messer aus dem Himalaya-Staat Nepal in Hinterindien. Dabei handelt es sich um ein kombiniertes Kampfmesser und Werkzeug. Es ist auch das Symbol der berühmten Gurkha-Einheiten der britischen und indischen Armeen. Aufgrund seiner einzigartigen Form ist es mit keinem anderen Messer zu verwechseln. Es ist die am längsten geführte Seitenwaffe der Welt und wird immer noch als Waffe und nicht nur zu Paradezwecken verwendet.

Das Kukri wird auch heute noch in seiner nepalesischen Heimat von Hand gefertigt. Es wird in mehreren Grössen gemacht, die Klingen sind üblicherweise 280 mm bis 350 mm lang. In den Händen der im Umgang damit geübten Gurkhas konzentriert sich die Schlagwirkung der Klinge auf den Auftreffbereich. Die Versionen dieses Messers mit schlankerer Klinge werden «Sirapati» genannt, während die mit Hohlkehlen versehenen Klingen «Angkola» heissen. Der Griff besteht normalerweise aus geschnitztem und poliertem Holz, kann aber auch aus Messing gefertigt sein. Zum Kukri gehören normalerweise zwei kleine Beimesser – ein kleines Abhäutemesser (das «Karda») und ein Wetzstahl (der «Chakma»). Die traditionelle Scheide besteht aus Holz und ist mit Leder vom Wasserbüffel überzogen.

Dieses reich verzierte «Kukri» für zeremonielle Zwecke aus dem 19. Jahrhundert mit silberbeschlagener Scheide war ein Geschenk an den Regimental Sergeant Major William Gower von den North Bengal Mounted Rifles.

Ein modernes Messer vom Typ «Laguiole» mit einer Klinge aus Damast und verziertem Horngriff. Gleichartige Messer wurden seit dem frühen 19. Jahrhundert in dem Dorf Laguiole in Frankreich gefertigt. Dieses Messer wurde von einem Hersteller namens Laguiole gefertigt, der später in die Messerstadt Thiers umzog.

Ein antikes Messer vom Typ «Laguiole», die hier gezeigte Version hat den typischen französischen Griff mit einem als Pistolengriff ausgeformten Knauf.

Das Klappmesser «Opinel» ist wohl das berühmteste aller französischen Messer. Es ist sehr einfach und preiswert, aber trotzdem sehr nützlich und hat seinen guten Ruf verdient.

Ein Messer «Gobbo Abruzze» mit Damastklinge von Conaz Coltellerie. Das Wort «Gobbo» bedeutet «Buckel» und bezieht sich auf die Form des Griffes, die Abruzzen sind ein Gebirgszug im Süden Italiens.

den Philippinen verwendet. Der «Jambiya» ist der in ganz Nordafrika, dem Nahen und Mittleren Osten und Indien allgegenwärtige arabische Krummdolch, der sich sogar auf dem Balkan findet. Er kann zwischen 30 cm und 40 cm lang sein und hat eine ganz typische gekrümmte Klinge mit der dazu passenden Scheide. Der Griff ist an der Wurzel verbreitert und bildet so eine Art Parierstange, die allerdings keine Haken aufweist. Die Klinge besteht oft aus Damast oder ist graviert, und der Griff ist normalerweise reich verziert – manchmal sogar mit Gold oder Silber und mit Halbedelsteinen besetzt. Der marokkanische Dolch «Koummya» hat die gleiche Form, ist aber schmaler.

Der «Kard» findet sich von der Türkei bis Afghanistan und ist ein Dolch mit einer geraden, schmalen einschneidigen Klinge, der üblicherweise einen geschmiedeten Griff hat, eine Parierstange fehlt aber. Der Dolch «Khodmi» aus Marokko sieht sehr ähnlich aus, und das gilt noch für eine Reihe von weiteren Dolchtypen aus dem Mittelmeerraum.

Der «Pesh-Kabz» aus dem nördlichen Indien, Afghanistan und Persien gleicht dem «Khard», hat aber eine konkave Schneide, so dass er noch schmaler und dafür noch besser für das Durchstossen von Kettenpanzern geeignet ist.

JAPAN

Über die japanischen Messer der Typen «Aikuchi», «Kaiken», «Kozuka» und «Tanto» gibt es eine ganze Reihe von Büchern, und dieses Thema ist so kompliziert und umfangreich, dass ich es hier nicht behandeln kann. Ich empfehle aber das ebenfalls im Verlag Stocker-Schmid erschienene Buch «Samurai» des britischen Autors Clive Sinclair, in dem die japanischen Blankwaffen umfangreich beschrieben werden.

FRANKREICH

Die Stadt Thiers in Frankreich ist das landesweit grösste Zentrum für die Herstellung von Schneidwaren, allerdings gibt es im Land noch andere. So ist zum Beispiel das Messer «Laguiole» nach seinem Herkunftsort im Süden Frankreichs benannt. Dieses Klappmesser wurde im Jahre 1829 von Pierre-Jean Calmels entwickelt. Er verwendete das schwarze Horn der in dieser Region gehaltenen Rinderrasse Aubrac für den Griff seines Messers. Das Messer ähnelt dem spanischen «Navaja», das Calmels wahrscheinlich bei den spanischen Rinderhändlern oder bei Wanderarbeitern sah. Diese Messer waren zwar sehr beliebt, aber die kleinen Herstellerfirmen und Handwerker kamen gegen die in grossen Fabriken gefertigten Versionen nicht an, deswegen wurde die Fertigung dann nach Thiers verlegt. Gegen Ende des 20. Jahrhunderts ist das Interesse an diesem Messertyp aber wieder grösser geworden, und so werden jetzt wieder Messer im traditionellen Laguiole-Stil in dem Ort gemacht, in dem es einst erfunden wurde.

Der Name Opinel dürfte einer der berühmtesten Messernamen auf der ganzen Welt sein. Alle Opinel-Messer tragen auf ihrer Klinge das Markenzeichen mit der Hand und der Krone, bei dem es sich eigentlich um das Stadtwappen von St. Jean-de-Maurienne handelt. Das preiswerte Klappmesser wurde 1890 von dem Grobschmied Joseph Opinel entwickelt. Es ist ein einfaches Messer mit einer einschneidigen Klinge und mit einem Griff aus Eschenholz. Zusätzlich kann noch eine einfache Stahlbacke oder eine Backe mit einem Sperring vorhanden sein – es gibt keine Federn, Klinken, Sperren, Knöpfe oder Hebel ... und das Messer funktioniert immer. Daher ist es nicht verwunderlich, dass es bei den französischen Landarbeitern so beliebt wurde. Die Klingen sind heutzutage aus dem traditionellen Kohlenstoffstahl oder aus rostfreiem Edelstahl gefertigt. Ein Opinel-Messer ist ein gutes Gebrauchsmesser, und wenn es mal verloren geht, dann ist das nicht so schlimm, weil es nicht viel kostet. Es sind dreizehn verschiedene Klingenlängen lieferbar, die längste davon ist 225 mm lang, aber die Klinge Nr. 8 mit 85 mm Länge dürfte wohl die für ein Taschenmesser vernünftigste Wahl sein.

Das Messer «Nontron» aus dem gleichnamigen Dorf in der Dordogne ist dem Opinel sehr ähnlich, allerdings ist der Griff aus Buchsbaumholz mit Schnitzereien verziert, die geschmiedete Klinge hat eine etwas andere Form und der Sperring besteht aus Kupfer.

In Frankreich gibt es noch viele andere interessante Messertypen, ich will hier nur noch das so genannte «Vendetta»-Messer aus Korsika erwähnen, mit dem sich früher die Korsen aus geringstem Anlass bei der traditionellen Blutrache umbrachten. Hin und wieder findet man ein antikes Exemplar, aber es gibt auch moderne Versionen, die von Herstellern wie Fontenille Pataud in Thiers stammen.

COLTELLO D'AMORE – DAS MESSER DER LIEBE

Das italienische «Coltello d'Amore» oder «Messer der Liebe» wurde zwischen einem Liebespaar ausgetauscht, wenn man sich verlobte. Das war ein in Italien weit verbreiteter Brauch. Das geschenkte Messer sollte dem Mann Mut und Zuversicht geben, während er seiner zukünftigen Braut treu sein sollte und sie zu beschützen hatte. Diese Griffe dieser reich verzierten Messer waren normalerweise aus schwarzem Büffelhorn, die mit «Augen» versehen waren, die über ihre Eigentümer wachen sollten und Unheil von ihnen abzuwenden hatten. Nachdem das Paar geheiratet hatte, wurden diese Messer über das Ehebett gehängt. Einen ähnlichen Brauch gab es in Finnland, wo der auf Freiersfüssen wandelnde Mann seiner Liebsten ein Messer schenkte. Nach der Hochzeit wurde es dann über das Bett gehängt und sollte dort für guten Schlaf sorgen.

Ein italienisches Liebesmesser «Coltello d'Amore» mit gravierter Klinge und reich verziertem Griff, gefertigt wurde es von Conaz Coltellerie.

Oben: Klassisches Finnenmesser «Puukko» mit einem sehr ungewöhnlichen Griff aus Kupfer und Rentierhorn, ca. 1900, mit Lederscheide.

Unten: Finnisches Jagdmesser, ca. 1920–1930, mit einem Griff aus Birkenholz und der typischen finnischen Lederscheide.

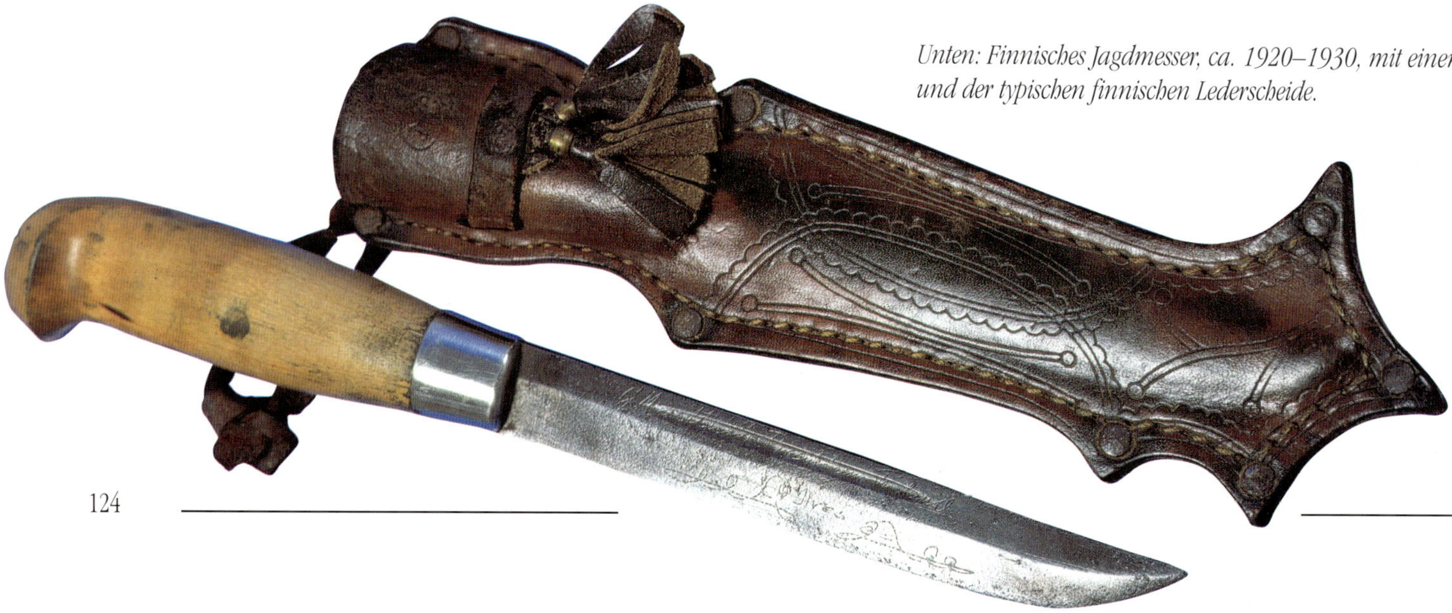

ITALIEN

Die Stadt Maniago am Fusse der Alpen ist eines der wichtigsten Zentren für Schneidwaren in Italien. Messermacher gibt es dort schon seit dem Mittelalter. Die örtlichen Handwerker und Messerfabriken arbeiten im Rahmen einer Kooperative zusammen, und sie vermarkten ihre Produkte gemeinsam. Dazu gehören Marken wie Lion Steel, Viper und Maserin. Dort werden einige der besten Messer Italiens hergestellt, sowohl in traditioneller als auch in moderner Ausführung. Und es werden dort sogar Aufträge für amerikanische Unternehmen ausgeführt.

Das Dorf Pattada auf der Insel Sardinien ist ein weiteres altes Zentrum der Messerfertigung, und es hat seinen Namen einem der elegantesten italienischen Messer gegeben. Das «Pattada» ist ein Klappmesser mit einer schlanken Klinge in der Form eines Myrtenblattes und wird dort immer noch hergestellt, aber es wird auch noch in anderen italienischen Orten gefertigt. Die Italiener nehmen ihr Handwerk sehr ernst, sie fertigen einige der besten handgemachten Messer der Welt. Firmen wie Conaz Coltellerie liefern aber auch eine ganze Reihe von Messern in regional verschiedenen Ausführungen.

SKANDINAVIEN

Das Messermachen ist in den nordischen Ländern immer schon ein wichtiger Industriezweig gewesen, und antike skandinavische Messer wie das «Leuku» (oder «Stuorranniibi»), «Tollekniv» und «Staskniv» sind sehr gesuchte Sammlermesser.

Unten: Ein norwegisches Jagdmesser mit einem Griff aus Lederscheiben, Knebel und Knauf sind aus Metall, die Scheide besteht aus Kuhhorn und Nickelbeschlägen.

Unten: Lappenmesser aus dem frühen 20. Jahrhundert mit einer 203 mm langen Klinge und einer J-förmigen Scheide aus Rentierknochen mit Verzierungen.

MESSER

Das traditionelle Messer in Finnland ist das «Puukko», ein einfaches fest stehendes Gebrauchsmesser mit einem Griff aus Birkenholz oder manchmal auch einem Lederbezug. Dieser Messertyp hat eine mehr als tausendjährige Geschichte. Er wurde ursprünglich für die Arbeit im Wald gemacht, wird jetzt aber hauptsächlich für das Jagen und Fischen verwendet. Zusammen mit der traditionellen Lederscheide «Tuupi» ist dieses Messer auch Teil der finnischen Nationaltracht. Einer der berühmtesten Hersteller der Finnenmesser ist die Firma Iisakki, die schon seit 1879 Messer macht und vom letzten russischen Zaren sogar den Titel eines kaiserlichen Messermachers verliehen bekam.

Das «Tollekniv» ist das traditionelle norwegische Schnitzmesser, und die handgemachten Messer von Helle, einem traditionellen Messermacher, sind aufgrund ihrer geschmiedeten Verbundklingen sehr berühmt. Hier befindet sich ein geschmiedeter harter Stahlkern zwischen zwei äusseren Lagen von weicherem Edelstahl. Das ergibt eine rasiermesserscharfe Klinge, die sehr widerstandsfähig ist und sich leicht schärfen lässt. Brusletto ist ein weiterer norwegischer Hersteller, der eine breit gefächerte Palette von traditionellen skandinavischen Messern anbietet.

Das «Sloyd» ist ein beliebter schwedischer Messertyp, der eine kleine fest stehende Klinge und einen tonnenförmigen Griff hat, von dem auch eine Klappmesserversion mit einem etwas ungewöhnlichen Namen abgeleitet ist – das Tonnenmesser. Der Schwedenstahl ist auf der ganzen Welt wegen seiner Qualität berühmt, und so gab es in Schweden auch eine grosse und florierende Schneidwarenindustrie, die hauptsächlich in der Stadt Eskilstuna

Rechts: Zwei südamerikanische Gauchomesser «Punales» aus Argentinien oder Uruguay aus dem 19. Jahrhundert mit Silbergriffen in Form eines «Essbestecks», silberbeschlagener Scheide mit Goldverzierungen und einem «Schuh» am Scheidenort.

Unten: Ein kaukasischer Dolch «Khindjal» (oder «Kinjal») mit gerader Klinge und Verzierungen. Diese Dolchart wurde in Russland viele hundert Jahre gefertigt und wird sogar noch heute gemacht. Es gibt auch Exemplare mit gekrümmter Klinge.

Unten: Dieses herrliche handgefertigte russische «Bärenmesser» aus Basko ist einzigartig, denn es gibt keine zwei Messer dieses Typs, die einander gleichen. Das erste Exemplar dieses Messertyps gewann auf der Internationalen Messerausstellung in Nürnberg vor einigen Jahren den ersten Preis.

Unten: Vier spanische Messer vom Typ «Navaja», die mit ihrer schmalen Klinge und der Ringsicherung typisch für diese Ausführung sind.

MESSER

Ein antikes Messer vom Typ «Navaja» mit einer stark geschwungenen Klinge, einer sechseckigen Backe und einem auffällig geformten Griff aus Hirschhorn.

angesiedelt war. Davon ist aber nur ein Hersteller übrig geblieben, der EKA heisst und für seine Federmesser bekannt ist. Er stellt aber auch eine Reihe von hervorragenden Jagdmessern mit fest stehender Klinge her, wie zum Beispiel die Serie «Nordic».

RUSSLAND

Das traditionelle russische Messer ist das «Khindjal» bei dem es sich um eine Abart des arabischen «Khanjar» handelt. Es kommt in vielen Ausführungen vor, schlicht bis exotisch. Das Kosakenmesser «Kama» ist eine andere Variante dieses Messertyps.

Moderne russische Messer können von hervorragender Qualität sein, und die innovativen und künstlerisch hochwertigen Entwürfe der Firma Basko haben auf der Internationalen Messerausstellung in Nürnberg in den letzten Jahren mehrfach Preise gewonnen.

SÜDAMERIKA

Messersammler sind hauptsächlich an den aus Südamerika stammenden Messertypen «Facon» (manchmal auch «Daga» genannt) interessiert. Dabei handelt es sich um ein Gauchomesser mit einer Lanzenspitze, und es ist normalerweise reich mit Silber verziert. Ein älterer Messertyp ist das so genannte «Punales» mit einer einschneidigen Klinge, und auch das «Faca de Ponta» aus Brasilien ist diesem Messer sehr ähnlich.

SPANIEN

Das Hauptzentrum der Messerherstellung in Spanien ist die Stadt Albacete. Hier steht sogar das Denkmal eines Messermachers auf dem Marktplatz. Das berühmteste von hier stammende Messer ist das klassische «Navaja», ein recht aggressiv aussehendes Klappmesser, mit dem man vom Beschneiden der Rebstöcke bis zum berühmten Messerkampf «baratero», bei dem die linken Hände der Kämpfer mit einem Schal zusammengebunden

Oben: Das unten gezeigte Messer «Navaja» mit eingeklappter Klinge, beachten Sie den Ausschnitt in der Klinge für die Sicherung.

Rechts: Ein schlankes Messer «Navaja» mit geätzter Klinge und Messingeinlagen am Griff, die Backen bestehen ebenfalls aus Messing.

> ## Ein Penny für ein Messer
>
> In England gibt es einen Brauch, demzufolge man ein als Geschenk erhaltenes Messer mit einer kleinen Kupfermünze symbolisch bezahlen muss. Dieser Brauch soll verhindern, dass das Band der Freundschaft zwischen dem Schenkenden und dem Beschenkten zerschnitten wird. Ähnliche Bräuche werden auch aus Frankreich, Spanien und anderen europäischen Ländern berichtet.

Phantasiemesser werden immer beliebter. Das gilt besonders für Messer, deren Vorbilder in Fernsehserien gezeigt werden.

waren, so ziemlich alles machen konnte. Messer des Typs «Navaja» gibt es in verschiedenen Grössen, wobei jene mit einer Gesamtlänge von über 50 cm zu unhandlich sind. Die Klinge und auch der Griff sind geschwungen, wobei diese Form manchmal etwas übertrieben wirkt. Eine Nute an der Angel greift in ein Loch am Ende der Feder ein. Mit einem einfachen Ring wird diese Verbindung gelöst, so dass die Sperre geöffnet wird. Zu den anderen traditionellen spanischen Messern gehören das «Ripol» mit einem langen, tonnenförmigen Griff und einer Klinge mit Lanzenspitze und die Messer von den Kanarischen Inseln.

Phantasiemesser

In den letzten Jahren hat sich ein neues Sammelgebiet gebildet – das Sammeln von Phantasiemessern und von anderen Blankwaffen, die in Verbindung mit Filmen, Fernsehserien und Science-Fiction-Geschichten stehen. Die derzeitigen Favoriten sind die Blankwaffen aus den Filmen «Herr der Ringe», die vom Hersteller United Cutlery kommen. Die meisten dieser Phantasiemesser haben ungeschärfte Klingen und dienen nur als Schaustücke.

Einer der besten Konstrukteure für in Handarbeit gefertigte, praktisch brauchbare Messer ist Gil Hibben, der aber auch Phantasiedolche entwirft, wie diesen aufwendig gefertigten Dolch «Auge des Drakonus».

Andere Anwendungen

Während des Bürgerkrieges in England Mitte des 17. Jahrhunderts war die Infanterie in zwei sehr unterschiedliche Abteilungen aufgeteilt – die Pikenkämpfer für den Nahkampf und die Musketiere für den Kampf über weitere Entfernungen. Nachdem die Musketiere ihre Waffen abgefeuert hatten, waren sie während der Dauer des Nachladens ihrer Vorderlader den Angriffen der gegnerischen Pikenkämpfer oder Reiterei schutzlos ausgeliefert. Darum mussten die eigenen Pikeure mit ihren Piken – langen, speerartigen Waffen mit einer Spitze am Ende – die Musketiere beschützen. Es war eigentlich gar nicht zu vermeiden, dass irgendwann eine kombinierte Waffe erfunden wurde, welche die Vorteile der beiden Waffenarten in sich vereinte, indem sie den Infanteristen flexibler machte und ihn gleichzeitig sowohl für den Nahkampf als auch für den Kampf über weitere Entfernungen rüstete. Die Lösung erwies sich schliesslich als recht einfach – eine abnehmbare Klinge wurde auf das Ende der Muskete gesteckt, so dass sie sich in eine Art kurzer Pike verwandelte. Diese Neuerung sollte die Einsatztaktik in den nächsten Jahren gründlich ändern.

Der Name Bajonett kommt vom Distrikt Bayonne in Frankreich, in dem Klingen gefertigt wurden, und der erste Typ dieser neuen Waffe war ein einfaches Spundbajonett. Im Grunde genommen war das nichts anderes als ein langer Dolch mit einem runden, konisch zulaufenden Griff, der auf Befehl des jeweiligen Offiziers in den Lauf der abgefeuerten Muskete gesteckt wurde. Dadurch wurde die Muskete zur Nahkampfwaffe, aber sie konnte natürlich nicht geladen oder abgefeuert werden, solange das Bajonett nicht entfernt wurde.

Die nächste Entwicklungsstufe war das Dillen- oder Tüllenbajonett, das gegen Ende des 17. Jahrhunderts erschien. Das war eine lange Messer- oder Nadelklinge mit einem verriegelbaren Ring am Ende, der über den Lauf der Muskete geschoben wurde. Das bedeutete, dass die Muskete auch mit aufgepflanztem Bajonett abgefeuert werden konnte. Da die damaligen Waffen aber durchweg Vorderlader waren, konnten sie bei aufgepflanztem

Einige britische Bajonette aus der Zeit des späten 19. Jahrhunderts (von oben): das Messerbajonett Pattern 1888 für das Repetiergewehr Lee-Metford, ein langes Bajonett im Stil eines Yatagan (solche Bajonette gab es für eine ganze Reihe von britischen Dienstgewehren einschliesslich der Enfield-Perkussionsgewehre, Withworth und Martini-Henry) und das letzte britische Dillenbajonett, ein P1876 für ein Martini-Henry-Gewehr.

Bajonett nur schwer nachgeladen werden, deswegen waren die Bajonette meist seitlich versetzt an ihrem Haltering, der so genannten Tülle oder Dille angebracht.

Varianten des Dillenbajonetts wurden in einigen Ländern noch bis in den 2. Weltkrieg verwendet, aber die Klingen hatten sich in den letzten 250 Jahren doch beträchtlich geändert. Früher hatten diese Bajonette Dreikantklingen oder Schwertklingen und waren überaus lang, es gab Exemplare, die länger als 60 cm über die eigentliche Trägerwaffe hinausstanden. Ein Beispiel für ein so langes Bajonett war das britische Baker-Bajonett von 1800 für die Baker-Büchse bei der britischen Armee. Dieses neue Gewehr hatte ein Bajonett in der Form eines Degens mit einer 610 mm langen Klinge, und dieses Bajonett wurde auf eine neue Art aufgepflanzt. Im Griff befand sich ein Schlitz, der auf eine Warze am Lauf der Waffe aufgeschoben wurde, dann wurde die Verbindung durch eine Federsperre verriegelt. Diese Art der Befestigung wurde bald genauso verbreitet wie das Dillenbajonett, und beide Arten wurden ca. 150 Jahre lang parallel eingesetzt, schliesslich fand aber der eigentliche Bajonettverschluss die weitere Verbreitung. Lange Messerbajonette wurden in

Verschiedene Bajonette aus aller Welt: **1.** *Französisches Lebel Modell 1886/93/16 (wurde 1916 für das Lebel-Gewehr Mle. 1886 eingeführt).* **2.** *Französisches Lebel-Bajonett Mle. 1886/1935, die letzte Ausführung.* **3.** *Japanisches Bajonett 30. Jahr Typ Arisaka (Muster von 1897).* **4.** *Französisches Lebel-Bajonett Mle. 1886 – die ursprüngliche Ausführung.* **5.** *Schweizerisches Bajonett Schmidt-Rubin Mod. 1931 mit Scheide.* **6.** *Französisches Bajonett Mle. 1892 für den Karabiner Mannlicher-Berthier Mle. 1892.* **7.** *Tschechoslowakisches Bajonett Mauser Mod. 33/40 mit Scheide.* **8.** *In Deutschland gefertigtes Bajonett Mod. 1908 mit Scheide für das brasilianische Mauser-Gewehr.*

fast allen Streitkräften verwendet, und es gab auch den aus dem 19. Jahrhundert aus der Türkei stammenden «Yatagan» mit einer S-förmig geschwungenen Klinge, der einer ganzen Kategorie von Seitengewehren seinen Namen gab.

Gegen Ende des 19. Jahrhunderts wurden kürzere und praktischere Messerbajonette ent-

Rechts: Britische Dillenbajonette mit kreuzförmiger und runder Klinge für das Dienstgewehr N. 4 Mark 1. Später gab es dasselbe Bajonett auch mit einer Messerklinge.

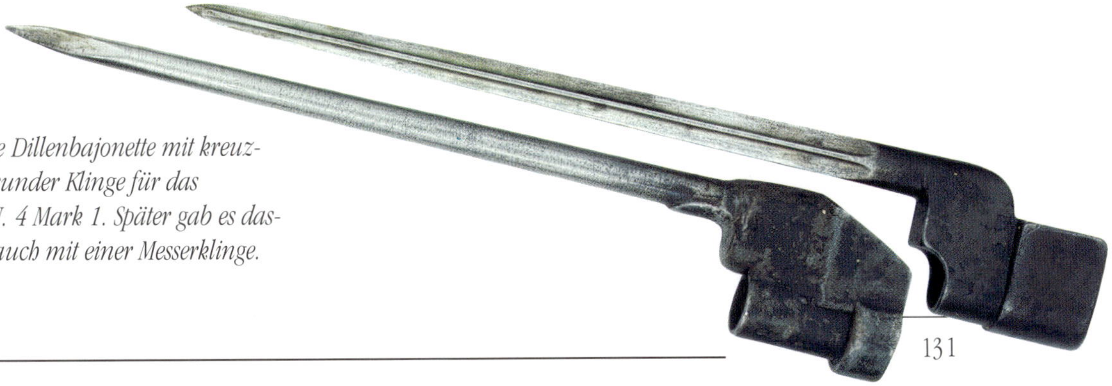

MESSER

Das amerikanische Bajonett M7 mit einer Klinge mit Mittelspitze. Das ist der Vorläufer der heutigen Mehrzweck-Bajonette. Die hier gezeigte Scheide M8 hat eine eingebaute Schärfvorrichtung.

wickelt, zuerst in Deutschland (Muster 1871/84) und den USA (M1861 «Dahlgren»). Nach dem Aufkommen der Hinterlader und Maschinengewehre verlor das Bajonett an Bedeutung. Trotzdem wurde aber selbst im 1. Weltkrieg noch das britische SMLE mit einem sehr langen Messerbajonett ausgestattet, ebenso das amerikanische M1905 und das deutsche Mauser, während die Russen und Franzosen lange Nadelbajonette führten, wobei das russische Bajonett immer noch ein Dillenbajonett war. Während und nach dem 2. Weltkrieg gingen die meisten Länder dann auf Mehrzweckbajonette mit Messerklinge über, während die Briten ein kurzes Dillenbajonett mit einer Nadelklinge einführten! Im Gegensatz dazu hatten die Amerikaner schon vor dem 2. Weltkrieg ein sehr praktisches Messerbajonett eingeführt; diese als M5, M6 und M7 bezeichneten Seitengewehre waren auch im abgenommenen Zustand sehr vielseitig verwendbare Messer. Diese Tradition wird mit dem M9 fortgesetzt, das von den amerikanischen und australischen Streitkräften als Bajonett eingeführt wurde, es ist aber auch bei Zivilisten als Gebrauchs- und Feldmesser sehr beliebt. Das M9 hat einen Sägerücken und eine Aussparung im Vorderteil der Klinge, die auf einen Stollen auf der Scheide gesetzt werden kann und dadurch einen sehr wirksamen Drahtschneider ergibt. Andere moderne Bajonette sind von sehr ähnlicher Bauart, sie sind als Mehrzweckwerkzeug und als Kampfmesser zu verwenden.

BUSCHMESSER UND ANDERE WERKZEUGE FÜR SONDERZWECKE

Manchmal wird bei militärischen Einsätzen, Expeditionen oder anderen Unternehmungen ein Messer benötigt, das schwerer und kräftiger ist als die normalerweise mitgeführten Feldmesser – wenn zum Beispiel Vegetation freigehackt, Holz gehackt, ein Unterstand gebaut oder ein grösseres Stück geschlachtetes Vieh zerlegt werden muss. Das Buschmesser oder die Machete ist das traditionelle Werkzeug für solche Arbeiten, und man kann sie eigentlich überall auf der Welt antreffen, wo es Urwald gibt. Neben ihrem eigentlichen

Das amerikanische M9 ist ein typisches Beispiel für ein modernes Bajonett. Es ist als Mehrzweckmesser zu gebrauchen.

ANDERE ANWENDUNGEN

Dieses «Lofty Wiseman Survival Tool» genannte Buschmesser stammt ganz offensichtlich vom Kampfmesser «Kukri» der nepalesischen Gurkhas ab.

Zweck als sehr wirksames Werkzeug kann das Buschmesser aber auch als ganz entsetzliche Waffe verwendet werden. Das haben die Massaker der Hutus in Ruanda im Jahre 1994 an ungefähr 800'000 Tutsis sehr deutlich gezeigt, denn ein grosser Teil der Tutsis wurde mit Buschmessern und ähnlichen Blankwaffen umgebracht.

Die Firma Ralph Martindale & Co. in Sheffield fertigt ein Buschmesser mit einer 406 mm langen Klinge mit gehobener Klingenspitze, die nach der kurzen afrikanischen Machete den Namen «Panga» trägt. Diese Firma fertigt auch das No. 2 «Golok», das zur Standardausrüstung der britischen Armee gehört; es ist ein mittelgrosses Buschmesser mit einer recht schlanken Klinge, die zum Griff hin deutlich schmaler wird. Es ist ein sehr wirksames Werkzeug für das Hacken und Schneiden, aber es wird schnell stumpf, deswegen wird es gleich mit einem Wetzstein in der Scheide ausgeliefert.

Der Hersteller Cold Steel fertigt im Rahmen der Produktreihe «Special Projects» eine ganze Reihe von Messern mit schweren Klingen, dazu gehören auch eine moderne Version des Kukri, ein Tomahawk und sogar eine Schlachtaxt. Die Fa. Ontario Knife Co. fertigt eine Spezialmachete für Überlebenszwecke, eine normale Machete, eine Machete mit gerader Klinge und Sägerücken, eine Machete im philippinischen Bolo-Stil und eine Machete in der Form eines Entermessers, die von Blackie Collins entworfen wurde. Südamerikanische Macheten haben normalerweise Klingen aus Kohlenstoffstahl mit Längen bis zu 610 mm und Griffe aus Hartholz, Gummi oder Kunststoff.

Eine der besten Macheten, die ich kenne, ist das «Lofty Wiseman Survival Tool» (Überlebenswerkzeug), bei dem es sich um ein Buschmesser in der Form eines Kukri handelt. Seinen Namen erhielt es von dem berühmten Ausbilder der britischen Spezialtruppe SA, der dieses Messer zusammen mit dem Messermacher Ivan Wiliams entwickelte. Zusammen mit dem Martindale «Golok» ist das ein Buschmesser, das einem sofort richtig in der Hand liegt, wenn man es anfasst.

Ganz links: Im Urwald oder in anderen mit starkem Bewuchs bedeckten Bereichen ist ein Buschmesser völlig unverzichtbar. Diese Machete vom britischen Hersteller Martindale hat eine 406 mm lange Klinge. Es gibt aber speziell in Süd- und Mittelamerika Buschmesser mit erheblich längeren Klingen.

Links: Das Standard-Buschmesser der britischen Armee basiert auf dem Buschmesser «Golok» aus Java, wobei sich bestimmte Eigenheiten der Klinge auch am «Parang» aus Malaya und dem «Bolo» von den Philippinen finden. Allerdings haben die beiden letztgenannten Buschmesser eine Mittelspitze und nicht die hier gezeigte stumpfe Spitze des «Golok».

Pflege und Tragesysteme

Alle Messer müssen von Zeit zu Zeit einmal geschärft werden. Hier gilt wie für jedes andere Werkzeug: Je öfter man sie benutzt, desto öfter muss man sie auch warten, damit sie immer in einem optimalen Zustand der Einsatzbereitschaft sind. Vielleicht finden Sie die Aussage merkwürdig, dass ein stumpfes Messer ein gefährliches Messer ist, aber sie stimmt. Ein stumpfes Messer kann Ihnen beim Schneiden sehr schnell abrutschen, weil man zu stark darauf drücken muss. Ein scharfes Messer dagegen erfordert viel weniger Aufwand und man muss zum Schneiden weniger Druck darauf ausüben, ausserdem lässt es sich beim Schneiden besser führen. Es ist aber sehr erstaunlich, wie viele Messer durch falsches Schärfen entweder beschädigt werden oder nie ihre eigentlich mögliche Schärfe bekommen, weil man beim Schärfen falsch vorgeht.

Die Kunst des Messerschärfens

Einige Leute werden Ihnen vielleicht erzählen, dass man sich erst auf eine höhere Stufe des Bewusstseins begeben muss, ehe man ein Messer richtig schärfen kann. Das kommt wahrscheinlich aus dem Fernen Osten und hat mit der überragenden Schärfe der japanischen Klingen zu tun, die auf Natursteinen nass geschliffen werden.

In Wirklichkeit ist das Messerschärfen überhaupt nichts Geheimnisvolles – zumindest nicht in demjenigen Bereich, in dem sich die meisten von uns betätigen wollen.

Beim Schärfen kommt es hauptsächlich darauf an, den richtigen Schleifwinkel an die Schneide des Messers anzubringen – dazu kommen noch andere Faktoren wie die Stärke der Schneide und die Beschaffenheit des Materials, aber wenn Sie die Schleifwinkel richtig anbringen, dann sind Sie schon halb fertig.

Oben: Dieses 20 Jahre alte Klappmesser musste in seinem Leben schon oft hart arbeiten, hauptsächlich musste es Seile durchschneiden. Durch das ständige Schärfen hat sich die Form der Klinge langsam verändert. So ist der auf die Klinge eingeätzte Puma fast vollständig verschwunden. Lassen Sie sich aber nicht täuschen, diese Klinge ist immer noch überaus scharf.

Unten: Abhäutemesser, Kochmesser und Schlachtermesser wie dieses professionelle Abhäutemesser von J. Adams müssen eine scharfe Schneide haben, und deswegen weisen sie meist einen Schleifwinkel von unfähr 20 Grad auf (insgesamt also 40 Grad).

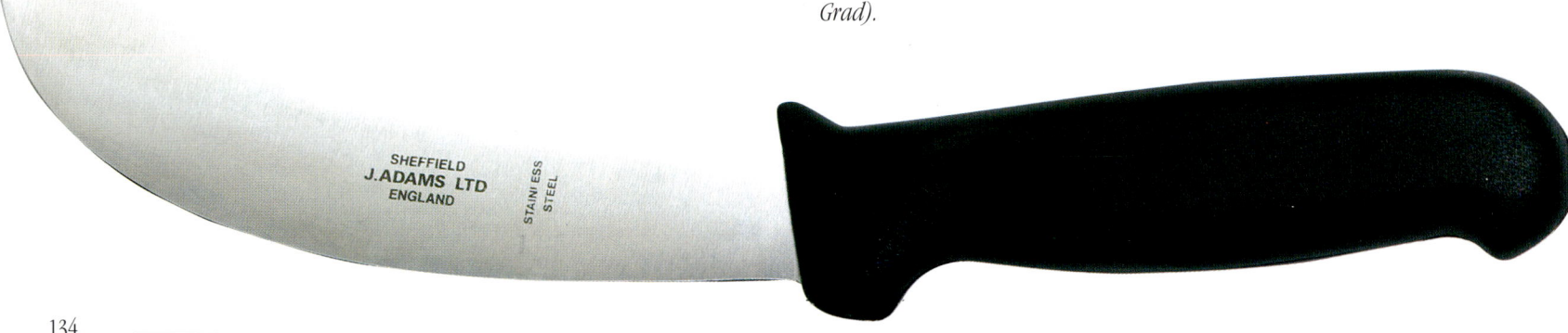

Abgesehen von Rasiermessern sind die Filetiermesser wohl die schärfsten Messer, die von den meisten von uns verwendet werden. Die Schneiden dieser Messer weisen einen Schleifwinkel von nur 15 Grad auf (insgesamt also 30 Grad), und darum sind sie so überaus scharf.

Der Winkel der Schneide, der vom Grat der Schneide bis zur Klingenmitte gemessen wird, kann sehr unterschiedlich sein. Das hängt hauptsächlich davon ab, wofür das Messer verwendet werden soll. Je spitzer der Winkel, desto schärfer sollte die Klinge auch sein. Wenn auch der Schneidenwinkel bei einem überaus scharfen Rasiermesser bis zu 10 Grad betragen kann, sind doch normalerweise 15 Grad das Äusserste, an das man herankommt, und damit hat man eine sehr scharfe Schneide für Filetiermesser und ähnliche Messer. Winkel von ungefähr 20 Grad kommen normalerweise an Küchenmessern und Abhäutemessern vor, 22 bis 25 Grad an Jagdmessern und Taschenmessern, 25 bis 28 Grad an robusteren Jagdmessern und Gebrauchsmessern und 30 Grad für eine lange haltende Schneide an einem Fahrtenmesser oder Gebrauchsmesser für schwere Arbeiten im Freien. Darüber liegen dann mit 32 bis 40 Grad die Schleifwinkel für Schneiden an Hackwerkzeugen.

Wenn wir über den Schleifwinkel an der Schneide eines Messers reden, dann meinen wir immer nur den Winkel auf einer Seite. Ein Schleifwinkel von 20 Grad bedeutet also in Wirklichkeit 40 Grad, wenn man den Schleifwinkel von der anderen Seite der Schneide auch mitzählt. Deswegen erscheinen einseitig geschliffene Schneiden so scharf, weil der Schliff nur auf einer Seite angebracht wurde, der Schleifwinkel von 25 Grad kommt zum Winkel von 0 Grad der ungeschärften Klinge hinzu und beträgt dann insgesamt eben immer noch 25 Grad. Das ist tatsächlich schärfer als ein Filetiermesser, das auf beiden Seiten mit einem Winkel von 15 Grad geschliffen wurde und daher einen Gesamtschleifwinkel von 30 Grad aufweist!

WIE MAN RICHTIG MIT DEM SYSTEM ARBEITET

Die meisten Leute versuchen, demjenigen Schleifwinkel zu folgen, den das Messer im fabrikneuen Zustand aufwies, und das ist für den Anfang auch ganz vernünftig. Anfänger verwenden am besten eines der professionellen Schärfsysteme, um einen richtigen und gleichmässigen Schleifwinkel zu erzielen. Wie sagte doch ein Kollege von mir: «Ein Messer mit der Hand schärfen ist eines der Dinge, die man entweder kann oder nicht

Unten: Ein Tanto im amerikanischen Stil von der Firma Emerson. Dieses Messer ist eine ausgezeichnete Konstruktion. Die Klinge ist nur einseitig geschärft und kann deswegen extrem scharf gehalten werden. Das hier gezeigte Messer ist ein Klappmesser CQC7B mit einer halb gezahnten Klinge aus der Stahlsorte ATS34.

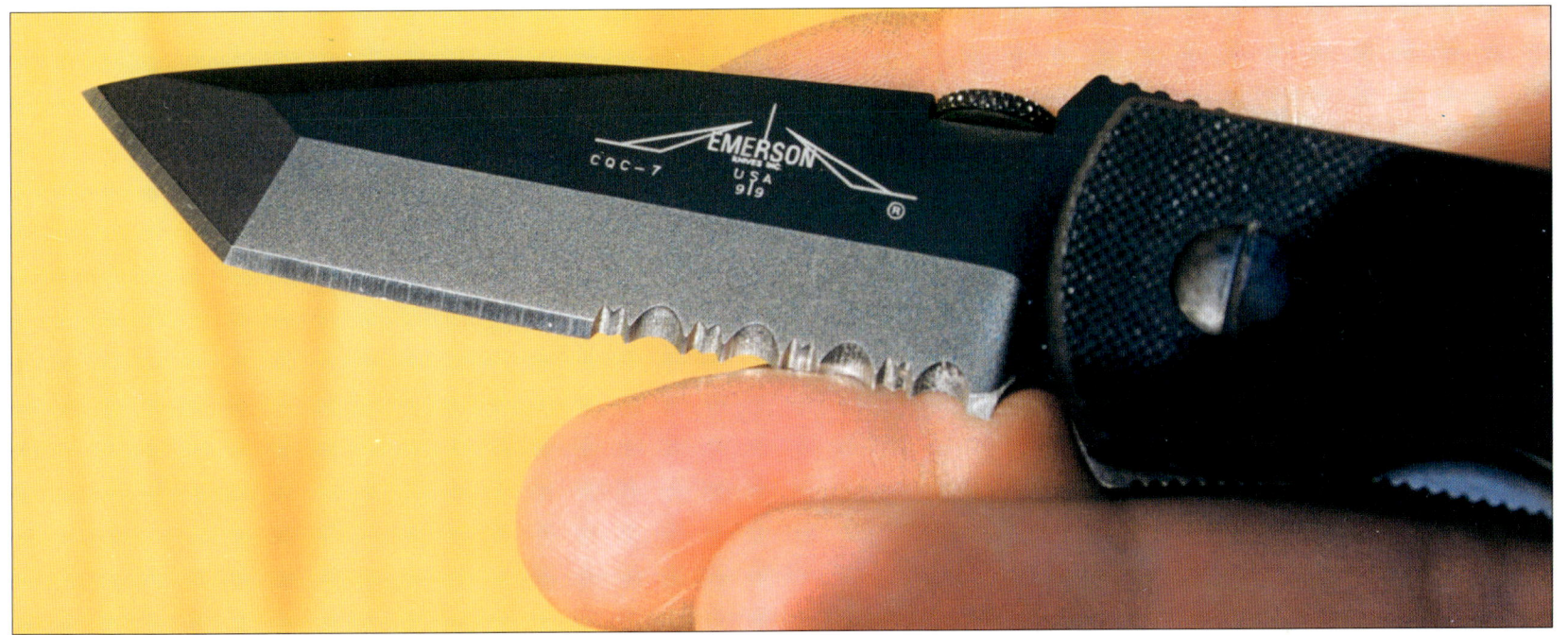

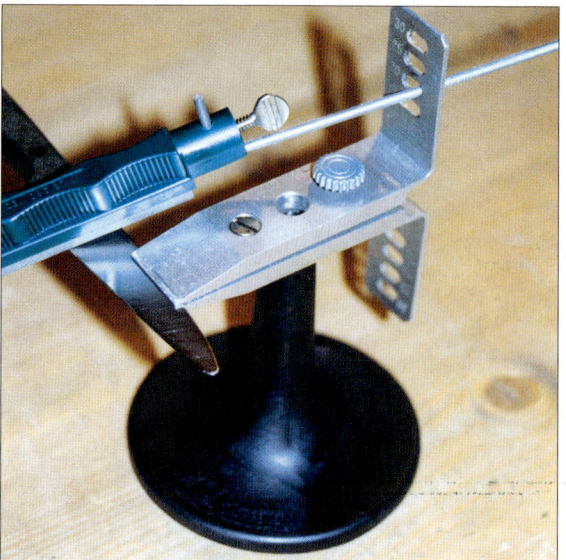

Oben: Dieser Ständer ist ein praktisches Zubehörteil für das Schärfsystem der Firma Lansky. Das Bild zeigt den Stein, die Führungsstange und die Klingenklammer während des Gebrauchs.

Links: Das ist die Standardausführung des Schärfsystems von Lansky mit drei Schleifsteinen, man kann sich aber weiteres Zubehör dazukaufen.

kann, und für alle die, die das nicht können, gibt es Schärfsysteme.»
Mit einem Schärfsystem wie zum Beispiel von Lansky, Gatco oder DMT kann man den Schleifwinkel genau einstellen. Dafür gibt es eine Reihe von Öffnungen in der Haltevorrichtung des Systems. Ich verwende das System von Lansky, aber die anderen Geräte arbeiten auch alle nach demselben System. Die Grundausstattung von Lansky besteht aus drei Schleifsteinen (fein, mittel und grob), die sich in verschiedenfarbigen Haltern aus Kunststoff befinden, dazu gibt es Führungsstangen, Schleiföl, eine T-förmige Haltevorrichtung mit Klammer (mit vier verschiedenen Schleifwinkeleinstellungen 17, 20, 25 und 30 Grad), alles zusammen befindet sich in einer Tragetasche. Ich verwende ausserdem noch einen superfeinen Schleifstein, einen mittelfeinen Diamantstahl und einen V-förmigen Keramikschleifstein zum Abziehen von Klingen mit Wellenschliff. Jeder Schleifstein ist mit einer Flügelschraube versehen, damit man ihn an die Führungsstange anschrauben kann. Zum Schärfen wird das Messer einfach mit dem Klingenrücken in die Klammer an der Haltevorrichtung eingespannt. Dann wählt man den Schleifstein – normalerweise grob oder mittel – und damit fängt man an. Sie stecken den Stein auf die Führungsstange und die Stange dann in die entsprechende Öffnung an der Haltevorrichtung, wobei Sie auf den Winkel achten müssen, den Sie anbringen wollen. Der Stein wird nun mit einem Tropfen Schleiföl benetzt und dann waagerecht auf die Schneide gelegt. Dann arbeitet man mit einer Reihe von schiebenden und ziehenden Bewegungen, wobei man den Stein nur bei der Vorwärtsbewegung leicht andrückt – der Schleifstein muss arbeiten. Die Haltevorrichtung lässt sich leicht umdrehen, so dass man auch die andere Seite der Klinge schärfen kann, ohne dass man das Messer aus der Halterung nehmen muss. Wenn die Schneide nun langsam schärfer wird, dann können sie den nächsten, feineren Stein nehmen und weitermachen, bis Sie den Schärfegrad erreicht haben, den Sie haben wollen. Dieses System funktioniert ganz gut, allerdings müssen Sie die Vorrichtung mit einer Hand festhalten, während Sie mit der anderen den Stein bewegen. Einfacher geht es, wenn Sie die Halterung einspannen, so dass man beide Hände frei hat, um den Stein zu führen. Von der Firma Lansky gibt es drei verschiedene Halterungen für das Schärfsystem – einen Ständer, eine Universalhalterung und eine «C Super Clamp» genannte Halterung. Der Ständer ist ein einfaches Kunststoffteil, das man auf jede flache Oberfläche aufschrauben kann – ideal zur Montage auf einer Werkbank. Der Universalhalter besteht aus einer Metalllegierung und wird einfach auf den Tisch gestellt. Meiner Ansicht nach ist aber die Halterung «C Super Clamp» aus Metall die beste Lösung, denn sie ist beweglich und universell verwendbar. Diese zweiteilige Halterung kann man nämlich ohne Schrauben sehr schnell auf den meisten senkrechten und waagerechten Flächen anbringen.

SCHÄRFEN WÄHREND DES GEBRAUCHS
Wenn man ein Messer während des Gebrauchs im Freien schärfen muss, dann ist ein kleiner, tragbarer Wetzstein oder Wetzstahl aus verständlichen Gründen besser als ein Schärfsystem. Ein kleiner Wetzstein aus Naturstein, ein Diamant-Wetzstahl, keramische Schärfsysteme oder ein Abziehstahl leisten hier gute Dienste. Die Naturschleifsteine aus

PFLEGE UND TRAGESYSTEME

Arkansas sind ganz hervorragend für das Schärfen von Klingen aus Kohlenstoffstahl geeignet, ein Wetzstahl tut gute Dienste, wenn eine sehr aggressive Schneide gebraucht wird (die oft aber auch schnell wieder stumpf wird). Für einige der recht zähen modernen Stähle sind Wetzsteine aus Keramik oder ein Diamant-Wetzstahl die bessere Wahl.

FREIHÄNDIGES SCHÄRFEN

Über dieses Thema könnte man leicht ein eigenes Buch schreiben – und genau so eines möchte ich Ihnen auch empfehlen. Schauen Sie sich im Buchhandel oder in einem Messergeschäft nach einem entsprechenden Leitfaden um. Sie müssen diesen Anleitungen zwar nicht sklavisch genau folgen, aber Sie können die Grundlagen des Schärfens lernen und verstehen und erwerben dadurch viel mehr Fachwissen, als ich Ihnen hier vermitteln kann.

Oben: Ein kleiner Naturschleifstein aus Arkansas-Stein ist wohl immer noch einer der beliebtesten Schleifsteine für das Schärfen des Messers während des Gebrauchs. Allerdings schwenken immer mehr Messerbesitzer auf tragbare professionelle Schärfsysteme wie die Diamant-Wetzstähle von Eze Lap oder den hier abgebildeten «Tri-Steps» von Gatco in Kombinationsausführung um.

Unten: Dieses Klappmesser «CQD» von MOD hat drei Tragesysteme, nämlich eine entsprechend geformte Ledertasche, eine Tasche aus Cordura, die auf einem robusten Kunststoffrahmen befestigt werden kann und eine sehr kräftige Scheide aus Kunststoff, in der man das Messer wie ein fest stehendes Messer mit ausgeklappter Klinge tragen kann.

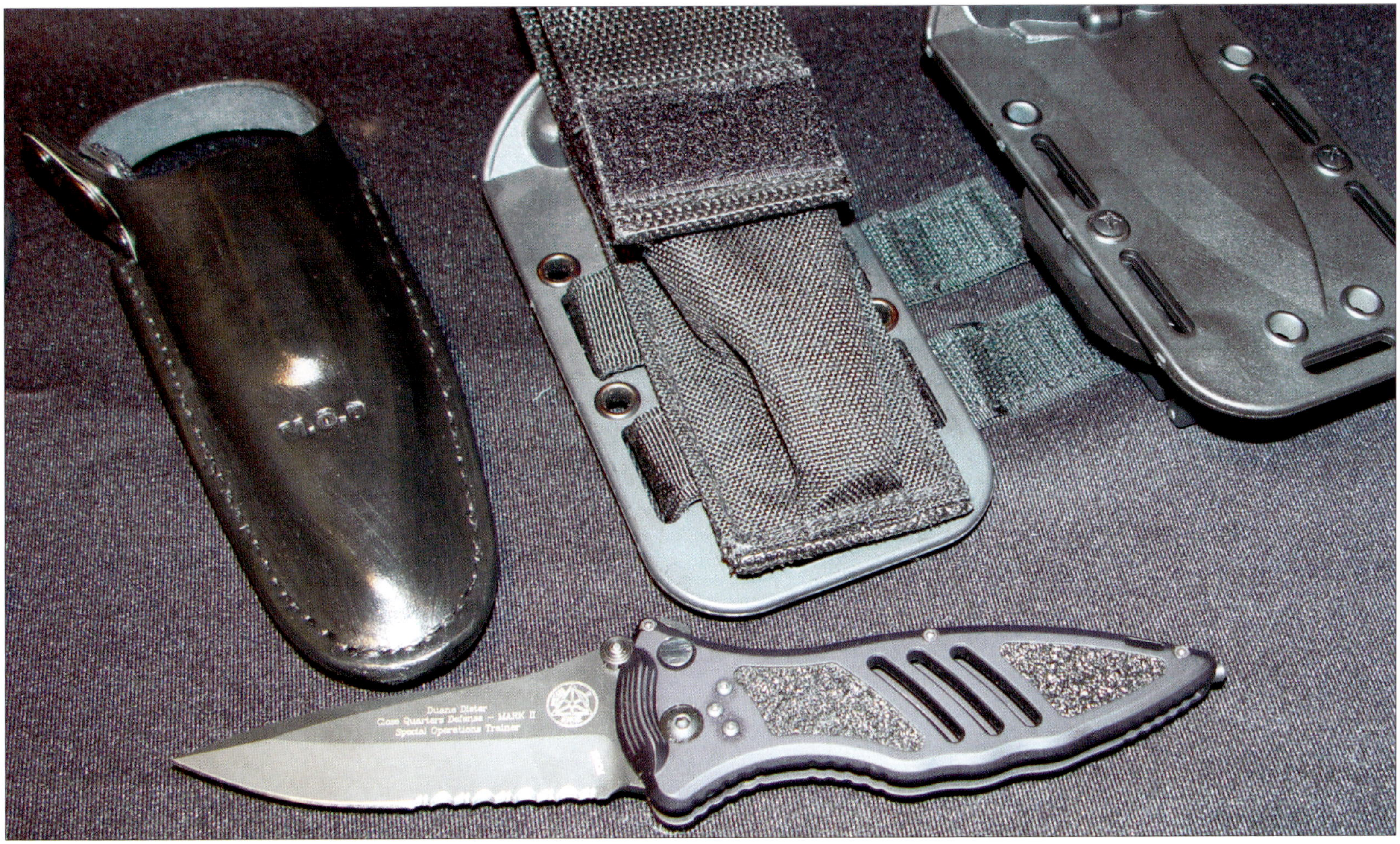

Zehn Regeln für den Gebrauch des Messers und seine Pflege und Wartung

1. Halten Sie Ihr Messer immer scharf. Es mag merkwürdig klingen, aber die meisten Unfälle passieren mit stumpfen Messern. Dann versucht man nämlich, die Stumpfheit der Klinge durch grösseren Druck auszugleichen, man rutscht ab – und schon ist es passiert.
2. Übergeben Sie niemals ein Messer mit der Klinge voran an einen anderen Menschen. Wenn es ein Klappmesser ist, dann klappen Sie die Klinge vorher ein. Wenn es ein fest stehendes Messer ist, dann halten Sie die Klinge mit der Schneide nach aussen in Ihrer Hand und übergeben Sie das Messer mit dem Griff voran.
3. Nehmen Sie sich Zeit und arbeiten Sie sorgfältig, wenn Sie Ihr Messer schärfen – viele Messer werden beim falschen Schärfen verdorben, wenn sich der Eigentümer nicht an die Gebrauchsanleitung der Schärfvorrichtung hält.
4. Der schwächste Teil des Messers ist seine Spitze, also verwenden Sie diesen Teil niemals als Schraubendreher oder Hebel, ausser wenn Sie sich in einem wirklichen Notfall befinden. Wenn Sie wirklich meinen, dass Sie nicht ohne eine Art Brechstange auskommen, dann kaufen Sie sich ein kräftiges Rettungsmesser oder ein Tauchermesser.
5. Halten Sie Ihr Messer immer möglichst sauber – das gilt auch für den Griff, nicht nur für die Klinge. Die drei schädlichsten Stoffe, mit denen Ihr Messer oft in Kontakt kommt und die Korrosion verursachen, sind Salz, Schweiss und Blut. Deswegen müssen Sie Ihr Messer nach jedem Gebrauch so bald wie möglich reinigen, besonders wenn Sie damit ein Tier enthäutet oder Wild oder Fisch geschnitten haben oder wenn sie mit Substanzen wie Säuren oder Laugen umgegangen sind. Messer kann man gut mit einem feuchten Tuch putzen, dann reibt man sie mit einem trockenen Lappen trocken. Wenn nötig kann man das Messer vorher mit einem Geschirrspülmittel reinigen, dann muss man es gut abspülen und abtrocknen. Ehe man mit einem Messer Lebensmittel zubereitet, muss die Klinge abgewischt werden.
6. Lassen Sie Ihr Messer niemals im Wasser liegen, setzen Sie es keiner grossen Hitze oder Sonnenbestrahlung aus. Es kann dadurch ausbleichen oder sich verfärben, aber organische Materialien wie Holz können sich auch verziehen, und Klebstoffe können sich auflösen.
7. Werfen Sie niemals ein Messer, ohne das Sie nicht auskommen können – denn selbst wenn Sie es richtig werfen, kann die Spitze beschädigt werden, und wenn Sie es nicht richtig werfen, dann kann das gesamte Messer Schaden nehmen ... oder es geht dabei ganz verloren. Wenn Sie wirklich das Messerwerfen als Sport ausüben wollen, dann kaufen Sie sich spezielle Wurfmesser oder verwenden Sie ein bereits vorhandenes ausschliesslich für diesen Zweck.
8. Tragen Sie kein Öl auf Lederscheiden auf, denn die können sich dann verfärben, und manchmal löst sich dadurch auch die Vernähung auf. Benutzen Sie stattdessen Sattelseife zur Reinigung und Lederfett zur Pflege und zum Schutz des Leders.
9. Wenn Sie ein Messer für einige Zeit nicht benutzen, dann tragen Sie eine dünne Schicht Wachs auf die Klinge auf. Auch andere Metallteile wie Knebel, Backen und Knäufe und die meisten Griffmaterialien können Sie mit Wachs schützen. Klingen aus Kohlenstoffstahl oder die Schneiden von beschichteten Klingen können Sie auch mit einer dünnen Schicht Vaseline schützen.
10. Wenn das Messer für längere Zeit eingelagert werden soll, dann lagern Sie Messer und Scheide getrennt in dicht schliessenden Plastikbeuteln, in die Sie ein Säckchen mit Trocknungsmittel (zum Beispiel VP90 von Napier o.ä.) mit hineingelegt haben. Wenn Sie so etwas nicht zur Verfügung haben, dann tut es auch eine Prise eines anderen guten Sikkativs.

Tragesysteme

Messer mit fest stehender Klinge werden üblicherweise mit einer Scheide geliefert, die man normalerweise am Gürtel trägt. So werden die meisten Jagdmesser und ähnliche Messer mit einer traditionellen Lederscheide geliefert. Wenn man solche Scheiden gut pflegt, dann leisten sie viele Jahre gute Dienste, Reparaturen daran sind nicht teuer, und sie lassen sich auch ohne grosse Kosten ersetzen. Einige moderne Messer – einschliesslich der Militärmodelle – werden mit Scheiden geliefert, die aus Segeltuch oder modernen Kunststoffen (wie zum Beispiel Cordura oder Kydex) bestehen oder einfach aus Plastik gespritzt sind. Einige dieser Konstruktionen können recht kompliziert sein, so zum Beispiel die in vielen Stellungen zu tragende Scheide von Blade-Tech Industries, die mit dem Messer Camillus CQB geliefert wird und die mit einem Gürtelverschluss Tek-Lok aus sehr widerstandsfähigem Polymer versehen ist. Auch das sehr professionell gestaltete Tragesystem vom Gurt- und Tragesystemspezialisten Black Hawk bietet eine ganze Reihe von unterschiedlichen Trageweisen, es wird mit dem Messer «Green Beret» von CRK geliefert. Mit diesen Tragesystemen kann man das Messer normal an der Hüfte (senkrecht oder waagerecht) tragen oder auch am übrigen Gurtzeug, aber man kann es auch oben oder unten am Bein anschnallen oder sogar am Arm, was aber nicht allzu praktisch sein dürfte. Man kann das Messer aber auch auf der «anderen» Schulter (nämlich der linken, wenn Sie Rechtshänder sind) mit dem Griff nach unten tragen. Diese Trageweise sieht man oft in Filmen, aber ein aktiver Soldat mit viel Erfahrung im Häuserkampf hat mir einmal erzählt, dass das sehr unangenehm werden kann, wenn man sein Gewehr an der anderen Schulter anschlagen muss, weil man zum Beispiel um eine Häuserecke schiessen will.

Manche Zivilmesser werden auch mit sehr zweckmässigen und vielseitig verwendbaren Tragesystemen geliefert, so zum Beispiel das Bud Nealy MCS, das man in mindestens einem halben Dutzend verschiedener Stellungen tragen kann. Dabei müssen Sie aber beachten, ob das Führen eines solchen fest stehenden Messers nach den Waffengesetzen Ihres Landes überhaupt erlaubt ist.

PFLEGE UND TRAGESYSTEME

Diese Scheide von Blade-Tech Industries hat einen angepassten Scheidenmund, durch den das Messer sicher gehalten wird sowie ein Tek-Lok-Befestigungssystem.

Unten: Das Tragesystem «MCS» (Multi Carry System) für das von Böker gefertigte Messer von Bud Nealy ist so konzipiert, dass man es am Gürtel, Hosenbund, in der Tasche, im Stiefel oder um den Hals tragen kann.

Bei Klappmessern gibt es drei verschiedene Tragesysteme – eine Gürteltasche aus Leder oder Kunststoffmaterial, einen integrierten Gürtelclip am Messer, oder man trägt das Messer ganz einfach lose in der Hosentasche! Die letztgenannte Option ist für Messer mit Rückenfeder in Ordnung, für Messer mit einer Klingensicherung ist sie nicht so gut, denn in der Hosentasche sind immer Fusseln, Staub und Krümel, die sich im Messer festsetzen und die Sicherung blockieren können. Dann wird die Klinge nicht richtig arretiert, und Sie merken das womöglich gar nicht. Gürteltaschen sind eine gute Wahl und halten das Messer sauber und sicher, aber sie können auftragen und lassen sich manchmal mit einer Hand nur schwer öffnen. Ich ziehe den ins Messer integrierten Gürtelclip vor, denn damit kommt man sehr leicht an sein Messer, wenn man es braucht.

Rechts: Dieses traditionelle Klappmesser von Western Cutlery wird in einer kleinen Ledertasche getragen. Die hier gezeigte Tasche stammt von der Firma Whitby Knives.

GLOSSAR

Abhäutemesser: scharfes Messer zum Abhäuten von Wild und Schlachttieren.

ABS: ein schlagfester Kunststoff, der manchmal für Griffe und Scheiden verwendet wird.

Afrikanisches Schwarzholz: ein sehr dunkles Mahagoni, das fast schon schwarz ist und eine sehr dichte Struktur aufweist, es wird für die Griffe von handgefertigten Messern verwendet.

Aluminiumoxid-Keramik: ein sehr hartes keramisches Material, das zum Abziehen und Schärfen von Klingen verwendet wird.

Angel: der nicht geschärfte Bereich der Klinge eines fest stehenden Messers, an den der Griff angebracht wird.

Anlassen: ein Wärmebehandlungsprozess, bei dem Stahl erwärmt und langsam abgekühlt wird, um ihn bearbeitbar zu machen oder um ein durch innere Spannungen verursachtes Verziehen zu vermeiden. Zum Erzielen bestimmter Ergebnisse gibt es eine ganze Reihe von verschiedenen Verfahren mit unterschiedlichen Temperaturen und Erhitzungs- und Abkühlzeiten.

Ansatz: Bereich der Klinge direkt vor dem Griff, wenn die Klinge breiter als der Griff ist und so die Hand des Benutzers nicht auf die Schneide rutschen kann – die typische Form von Kochmessern und manchen südamerikanischen Gauchomessern.

Arkansas-Schleifstein: ein im amerikanischen Bundesstaat Arkansas vorkommendes Gestein, aus dem Schleifsteine für Messer geschnitten werden.

Arkansas-Zahnstocher: ein grosser, schwerer Dolch mit einer nadelförmigen Klinge, der aus dem 19. Jahrhundert stammt und in den USA verbreitet war.

Armmesser: ein in vielfältigen Grössen und Formen vorkommendes Messer, das von einigen nordafrikanischen Stämmen am Oberarm getragen wurde.

Bajonett: ein Messer oder eine nadelförmige Klinge, die auf das Laufende eines Militärgewehres aufgesetzt wird.

Ballistisches Gewebe: ein schweres Gewebe aus Nylonmaterial wie zum Beispiel Cordura von Dupont, das für Militärausrüstungen, Gurtzeug und Tragesysteme sowie für Scheiden und Messertaschen verwendet wird.

Barlow: ein in der britischen Messerstadt Sheffield entwickeltes kräftiges Taschenmesser mit besonders langer Backe.

Barong: langes Messer mit blattförmiger Klinge, das auf den Philippinen von den Angehörigen der Stammes der Moro verwendet wurde.

Beilageplatten: der innere «Rahmen» eines Taschenmessers, auf den die Griffschalen aufgesetzt werden.

Bolo: ein grosses Buschmesser von den Philippinen.

Bowiemesser: ein grosses, schweres Messer mit durchgebogener Spitze, das von dem Amerikaner James Bowie im 19. Jahrhundert entwickelt wurde.

Cordura: siehe ballistisches Gewebe.

Damast: eigentlich Damaszenerstahl, ein aus zwei (oder mehreren) Stahlsorten zusammengeschmiedetes Verbundmaterial, das ein auffälliges Muster zeigt.

Daumenlehne: Ausschnitt in der Klinge an oder vor der Klingenwurzel, in den man einen Finger zur Unterstützung der Klinge beim Schneiden legen kann.

Dirk: einschneidiger oder zweischneidiger Dolch mit langer, schlanker Klinge, traditionelle Waffe in Schottland.

Dolch: normalerweise eine Stichwaffe mit einer Lanzen- bzw. Mittelspitze, die Bezeichnung gilt auch für Messer mit schmaler, langer Klinge nach Art eines Stiletts.

Eisenholz: für Messergriffe verwendete sehr harte und dichtfaserige Holzart.

Fahrtenmesser: ein mittelgrosses Messer mit fest stehender Klinge.

Fangschnurring: auch Schäkel genannt, mit diesem Ring kann man das Messer an einer Fangschnur oder einem Haken o.ä. befestigen.

Fehlschärfe: eine zusätzliche Schneide am Rücken des Messers oberhalb der eigentlichen Spitze. Dieser Bereich kann aber auch stumpf sein.

Feilstriche: mit der Feile angebrachtes dekoratives Muster auf dem Metall eines handgearbeiteten Messers, normalerweise auf dem Klingenrücken.

Feuerstein: sehr harter Stein, aus dem die ersten Messer gefertigt wurden.

G-10: leichtes Glasfasergewebe, es ist sehr fest, lässt sich gut greifen und wird darum für Messergriffe verwendet.

Glasgestrahlt: matte oder seidenmatte Metalloberfläche, die durch das Bestrahlen mit kleinen Glaskugeln erzielt wird.

Griffschalen: die beiden aufgesetzten Hälften des Griffes.

Härten: Erhitzen des Stahls auf seine kritische Temperatur, dann rasches Abkühlen, um das Material zu härten. Es gibt eine Reihe von unterschiedlichen Härteverfahren mit Wasser, Öl, Luft usw., die abhängig von den verschiedenen Stahlsorten angewendet werden.

Heft: ein anderes Wort für den Griff.

Hirschhorn: das Geweih des Rotwildes (das jährlich abgeworfen wird), ein traditionelles Material für Messergriffe.

GLOSSAR

Hohlkehle: Rille in der Messerklinge, durch welche die Klinge leichter und steifer wird, fälschlicherweise manchmal auch als «Blutrinne» bezeichnet.

Horn: für Messergriffe verwendetes Material, normalerweise von den Hörnern der Rinder oder Büffel.

Klingensicherung: Vorrichtung in vielen unterschiedlichen Ausführungen, die das Einklappen der Klinge eines Klappmessers während des Gebrauchs verhindert.

Klingenwurzel: der ungeschärfte Bereich der Messerklinge zwischen Griff und Schneide.

Knauf: das Endstück zum Abschluss des Messergriffes nach oben hin, normalerweise aus Metall.

Knebel: ein der Verstärkung dienendes Metallstück am Ende eines Messergriffes am Übergang zur Klinge. An Klappmessern wird dieses Teil als Backe bezeichnet.

Knochen: natürliches Material zur Herstellung von Messergriffen (traditionell in Skandinavien), lässt sich sehr schön mit Schnitzereien verzieren.

Kohlenfasern: ein überaus leichtes und festes Material, das aus verwebten Kohlenfasern besteht, die dann mit Kunstharz getränkt wurden. Wird manchmal für Messergriffe und Scheiden verwendet.

Kohlenstoff: ein Element bzw. Mineral, das dem Eisen beim Verhütten zugegeben wird, um Stahl zu erzeugen.

Kraton: gummiartiges Kunststoffmaterial, das ideal für Messergriffe ist.

Kydex: ein zähes Kunststoffmaterial, aus dem Messerscheiden gefertigt werden.

Lanzette: spezielle Klingenform, die in der Tiermedizin verwendet wird.

Messerstahl: jeder Stahl, der zur Herstellung von Schneidwerkzeugen geeignet ist.

Micarta: Leinen, Papier, Segeltuch oder andere Gewebe, die in Kunstharz getränkt wurden und aus denen ein festes und zähes Material zur Herstellung von Messergriffen gefertigt wird.

Niello: ein schwarzes Metallpulver, mit dem gravierte Verzierungen auf der Metalloberfläche ausgefüllt werden, solche Arbeiten finden sich manchmal auch an antiken Dolchgriffen, Klingenwurzeln und Scheiden.

Parierstange: eine Metallplatte mit oder ohne stangen- oder hakenförmige Verlängerungen, durch welche die Klinge vom Griff getrennt wird, damit die Hand des Benutzers nicht auf die Schneide rutschen kann.

Parierstangenhaken: hakenförmige Verlängerung an der Parierstange, wurde früher oft an Bajonetten verwendet, mit dem Haken sollte beim Bajonettkampf das gegnerische Bajonett «gefangen» und möglichst zerbrochen werden.

Rückenfeder: einfacher Mechanismus, der ohne Verriegelung die Klinge eines Klappmessers mit Hilfe einer Feder in der geöffneten oder eingeklappten Stellung hält.

Rückensicherung: eine Sicherung für Klappmesser, bei der mit Hilfe einer Feder und einer Stange in Verbindung mit einer Nute an der Angel und einer Klinke die Klinge des Klappmessers in der geöffneten Stellung verriegelt wird.

Schliff: die Form und der Winkel des an der Schneide angebrachten Schliffes zum Schärfen der Schneide (z.B. Hohlschliff, Wellenschliff usw.).

Schwärzung: eine speziell bei rostfreien Edelstählen aufgebrachte schwarze Beschichtung, die Reflexionen verhindert und die Korrosionsbeständigkeit vergrössert.

Spitze, abgebogen: eine beliebte Klingenform, bei welcher die Spitze durch eine leichte Biegung etwas tiefer liegt als der Klingenrücken und dort mit der Schneide zusammentrifft.

Spitze, durchgebogen: im Englischen als «clip point» bezeichnet, hier wurde oberhalb der Spitze Material vom Klingenrücken abgenommen, um die Spitze feiner auszuformen und etwas niedriger zu setzen.

Stahl: eine Legierung aus Eisen, Kohlenstoff und anderen Elementen (z.B. Chrom, Nickel, Molybdän usw.), aus dem die meisten Messerklingen gefertigt werden

Tiefsttemperatur-Härtung: ein modernes Härteverfahren, bei dem erhitzter Stahl bei extrem tiefen Temperaturen abgeschreckt bzw. gehärtet wird.

Vierkantklinge: kreuzförmiger Klingenquerschnitt, auch mit Hohlkehlen, diese Klingenform findet sich manchmal an alten Dolchen und Bajonetten.

Wate: der Bereich der Schneide unmittelbar vor der Spitze, normalerweise gebogen.

Zytel: ein sehr schlagfester, leichter Kunststoff, der für Griffe verwendet wird.

Index

A
ACK, Kampfmesser 98
Adams, J. 24, 134
Aikuchi, Messer 123
AK-47 99
Al-Mar Grunt 1, Kampfmesser 98
Alaska Carcajou Hunter, Messer 40
Alcas Corp. 92
Alpha Hunter, Messer 39
Angkola, Messer 121
Anthony, J.J. 112
Applegate, Rex 93, 94
Applegate-Fairbairn 94
Arkansas-Stein 137
Arkansas Toothpick, Messer 111, 112
Armeemesser, britisch 75
Armeemesser, schweizer 11, 50, 58, 75, 76, 78, 79, 80, 83, 89, 102
Auge des Drakonus, Dolch 129
A 1, Kampfmesser 97

B
Baker, Bajonett 131
Baker, Büchse 131
Bali-Song, Messer 70
Bärenmesser 126
Barlow, Messer 52, 53, 54
Barlow, Obadiah 53
Basko 128
Bayonne 130
Benchmade 99
Bexfield 48
Biberschwanz, Messer 87
Bison, Messer 43
Blackjack AWAC, Kampfmesser 98
Black Hawk 138
Blade-Tech Industries 138, 139
Blanchard, Alfred 114
Blanchard, Edward 114

BMF, Messer 102, 103
Boechat, Paul 76
Böker 22, 28, 70, 99, 139
Bolo, Buschmesser 133
Bowie, James 87, 109, 110, 111, 112, 114, 115, 116
Bowie, Rezin 112
Bowie-Messer 8, 10, 31, 33, 37, 48, 63, 87, 88, 89, 95, 102, 109, 110, 111, 112, 113, 114, 115, 140
Brearley, Harry 16
Brusletto 33, 126
Buck 39, 98, 102
Bucktool, Werkzeug 82
Buck 110, Messer 65, 66
Buck Alpha, Messer 10
Buck Master, Messer 102, 103
Buck Select, Messer 67
Bud Nealy MCS, Messer 138

C
C2 Storm, Werkzeug 81
C80, Messer 25
Calmels, Pierre-Jean 123
Camco, Messer 53
Camillus 29, 53, 58, 90, 96, 97, 98, 138
Canoe, Messer 56
Carter, Fred 18
Cascade, Messer 66
Case & Sons 54
Chen, Paul 61, 62
China, Messer 62
Cinquedea 86, 87, 106, 108
Classic, Messer 11
Clift, Jesse 112
Clipit, Messer 71
Clou Français, Kampfmesser 90
Cobuk, Messer 40
Col. Moschin, Kampfmesser 45

Cold Steel 10, 17, 23, 65, 67, 94, 97, 98, 104, 133
Coleman 55, 56
Collins, Blackie 19, 68, 69, 105, 133
Colt 94
Coltello d'Amore, Messer 124
Colt Python, Messer 26
Commando Combat, Kampfmesser 90
Compact Sport 400, Werkzeug 82
Conaz Coltellerie 123, 124, 125
Condor, Messer 49
Congress, Messer 56
Conner, Rory 37
Cool Tool, Werkzeug 81
Covert Action Tanto, Messer 23
CQC7B, Messer 135
CQD, Messer 137
Crain, Robert 114
CRK 99, 138
CRKT 40, 60, 65, 66, 67, 100
Crockett, Davy 110
CUDA CQB1, Kampfmesser 96, 98
Cuney, Samuel 114

D
Dartmoor, Messer 101
David, G. 6
Davis, John M. 90
Delta Dart, Messer 23
Denny, Dr. 114
Dha, Messer 118, 121
Dillenbajonett 130, 131, 132
Dirk, Dolch 90, 108, 109
DMT 136
D II, Messer 100

E
E, Howard 90
Eggington Group 52

Eickhorn 98, 104, 105
Ek 90, 94
EKA 128
Elsener, Karl 76
Emerson 135
Enfield-Perkussionsgewehr 130
Engstrom, Joh 8
Equal End Jack-Messer 56
Ern, C. Friedrich 90
Extreme Ratio 45

F
Faca de Ponta, Messer 128
Fairbairn, William 93, 94
Fairbairn-Applegate, Kampfmesser 93
Fairbairn-Syke, Dolch 93
Fairbairn-Syke, Kampfmesser 93
Falling Creek, Virginia 16
Fällkniven 17, 27, 97, 100
Fantasy, Messer 9
Farid 22, 42
FF6 Freedom, Kampfmesser 94, 95
Finnisches Jagdmesser 124
First Response, Messer 105
Folsom, Messer 13
Fontenille Pataud 123
Französisches Bajonett Modell 1892 131
Frost 18, 40, 41
Fulcrum, Messer 96

G
G1-Messer 100
Gatco 136
Gauchomesser 126, 128
Gerber 18, 68, 69, 81, 94, 98, 100, 102, 103
Gerber 650 Evolution, Messer 82
Gerber 7520, Messer 82
Gerber 800 Legend, Messer 82

Gilwell Boy Scout, Messer 7
Gobbo Abruzze, Messer 123
Golok, Buschmesser 133
Gower, William 121
Green Beret, Kampfmesser 97, 98, 138
Green Berets 92, 96
Groschenmesser 50, 51, 68
Guardian, Messer 100

H
Harsey, Bill 94, 97, 98
Heart Attack Push Dagger, Messer 23
Helle 126
Herr der Ringe 129
Hibben, Gil 8, 34, 41, 129
Hibbert & Sons 89
Hod Hill, Dorset 15
Holbrook, Graham 33
Hunter 54

I
Ibberson, George 66, 89
Iisakki 126
Impala, Messer 26
IXL, Federmesser 6

J
Jack, Messer 58
Jambiya, Dolch 118, 120, 123
Joker, Messer 43
Juice, Werkzeug 81

K
K.I.S.S., Messer 65, 66
KA-BAR 11, 17, 24, 27, 36, 37, 38, 90, 91, 92, 102
Kaiken, Messer 123
Kalashnikov, Messer 99
Kalashnikov, Mikhail 99
Kama, Messer 128
Kard, Dolch 123
Katar, Dolch 119, 121
Keen Kutter, Messer 58
Kershaw 10, 82
Khanjali, Dolch 119
Khanjar, Dolch 128
Khanjar, Messer 121
Khanjarli, Dolch 121
Khard, Dolch 123

Khindjal, Dolch 126
Khindjal, Messer 128
Kindjal, Dolch 118
Knox, Henry 54
Kommer, Russ 40
Konrad, Anton 86
Koummya, Dolch 123
Kozuka, Messer 123
Kris, Dolch 120, 121
Kukri, Kampfmesser 121, 133
Kyocera Corporation 22

L
Laguiole, Messer 122, 123
Land & Sea Rescue, Messer 10, 65, 104
Lansky 136
Lansky LS17, Messer 23
Lap, Eze 137
Lappenmesser 125
Leatherman 78, 81
Lebel Modell 1886, Bajonett 131
Lebel Modell 1886/1935, Bajonett 131
Lebel Modell 1886/93/16, Bajonett 131
Lee-Metford, Gewehr 130
Leuku, Messer 125
Liberator, Kampfmesser 94
Lincoln 56
Linkshanddolch 86, 106, 107, 108
Lion Steel 125
Lippard, Karl 99
Lobster, Messer 56
Lofty Wiseman Survival Tool 133
Loveless, Bob 39, 100

M
M16, Messer 100
M1861 Dahlgren, Bajonett 132
M1905, Messerbajonett 132
M1918, Kampfmesser 90
M3, Kampfmesser 90, 91, 95
M5, M6 und M7, Messerbajonett 132
M8, Kampfmesser 91
M9, Messerbajonett 132
Maddox 114
Marine Raider Gung Ho, Kampfmesser 90
Marlspieker 72, 75
Martindale 133
Martini-Henry, Gewehr 130
Maserin 125

Master Samurai, Messer 42
Mauser Mod. 33/40, Bajonett 131
Meyerco 19, 68, 69
Mini Talon, Messer 29
Mission Knives 98
Mk 1, Kampfmesser 94
MOD 137
Modell 1, Kampfmesser 90
Modell 1908, Bajonett 131
MoD 4 Rescue Survival Knife 102
Moose, Messer 54
Moran, Bill 38
MPK, Messer 98
Muela Alcaraz 46
Multi-Lite, Werkzeug 81
Multi-Plier 600, Werkzeug 81
Multi-Tool, Werkzeug 82
Multi Carry System 139
Muskrat, Messer 54
Muster 1871/84, Bajonett 132

N
Nadelbajonett 132
Nadeldolch 91
Navaja, Messer 29, 61, 68, 69, 123, 127, 128, 129
Nealy, Bud 139
Neeleylock 70
Next Generation, Kampfmesser 92
Nierendolch 107, 108
Nighthawk, Kampfmesser 98
Nimravus, Messer 99
Nontron, Messer 123
Nordic, Messer 27, 43, 128
norwegisches Jagdmesser 125
Nowill, John 87, 88

O
Obsidian, Messer 12, 14, 87
Odin's Auge, Messer 20
Offiziersmesser, schweizer 76
Ohrendolch 85, 108
Onion, Ken 10
Ontario Knife Co 95, 133
Ontario Spec Plus SP6, Kampfmesser 94
Opinel, Joseph 123
Opinel, Messer 16, 65, 68, 122, 123
Outdoor Edge 39
Oxborough, Norfolk 15

P
P1876, Bajonett 130
Panga, Buschmesser 133
Parang, Buschmesser 133
Park, Gilwell 7
Patriot, Kampfmesser 98
Pattada, Messer 125
Pattern 1888, Bajonett 130
Pattern 2, Dolch 93
Peacekeeper, Kampfmesser 94
Pearl Harbor 11
Pegley-Davies 73
Pesh-Kabz, Dolch 123
Piha-Kaetta, Messer 118
Pilot Survival Knife 102
Pitt River, Messer 14
Pocket Grip, Werkzeug 83
PowerLock, Werkzeug 82
Project II, Messer 99
Project MkII, Messer 17
PRT-II, Messer 104, 105
Punales, Messer 128
Puukko, Messer 124, 126

R
R1 Military Classic, Kampfmesser 94
Randall 90
Recon Bowie, Kampfmesser 94, 95
Recon Scout, Kampfmesser 97, 98
Reeve, Chris 17, 24, 27, 65, 68, 96, 98
Reitermesser 73
Remington 55, 56
Rescue Survival, Messer 102
Robbins of Dudley 89, 91
Rockwell-Skala 23, 97
Rodgers, Joseph 72, 75
Rodgers, Messer 6
Rodgers, William 89
Ryan Modell 7, Messer 60

S
S.W.A.T., Messer 60
Santa Ana, General 111
San Mai III-Stahl 27
Scheibendolch 107
Schmidt-Rubin 76
Schmidt-Rubin Mod. 1931, Bajonett 131
Schrade 82
Schrade Tool 80

Schützengrabendolch 89, 90
Schützengrabenmesser 90
Scott, Ed 26
SeaAirLand special forces, Messer 21
SEAL 2000, Kampfmesser 98
Sebenza, Messer 65, 68
Sebenza, Sicherung 68
Seeman Sub, Messer 47
Senator, Federmesser 58
Sinclair, Clive 123
Sirapati, Messer 121
Skalpiermesser 88
Skean Dhu, Dolch 108, 109
Sloyd, Messer 126
Smith & Wesson 60, 105
Snowdon 112
Sodbuster, Messer 53
SOG 82, 94, 95, 98
Solingen 76, 90, 105, 116
Southern & Richardson 54
Special Projects, Messer 133
Special Projects Covert Action Tanto 23
Special Projects Delta Dart, Messer 23
Specwar, Kampfmesser 98
Spyderco 24, 25, 26, 27, 38, 71, 82
SpyderRench, Werkzeug 82
Squirt, Werkzeug 81
Staskniv, Messer 125
Stealth Defense 23
Stellit 21, 22, 29
Stiff KISS, Messer 35
Stockman, Messer 56
Stoker, Bram 111
Stuorranniibi, Messer 125
Superknife 6
Supertool 200 78
Sykes, Eric A. 93

T
Talonit 29
Talonite Quest, Messer 29
Tanto 35, 36, 37, 42, 44, 123, 135
Tech, Kampfmesser 98
Terzuola, Robert 96
Texas Jack, Messer 56
The Highlander, Messer 8
Timberlite, Messer 70, 98
Titan 21, 22, 28, 29, 65, 68
Tollekniv, Messer 125, 126

Tomahawk 133
Toothpick, Messer 58
Tough Tool, Werkzeug 82
Trakker, Messer 24
Trapper, Messer 53, 55
Travis, William 110
Tüllenbajonett 130
Typ Arisaka, Bajonett 131

U
Union Cutlery 90
United Cutlery 129
USMC 1219C, Kampfmesser 92
USMC 1219C2, Kampfmesser 90
USN MkII, Kampfmesser 90
Utility Knife MkI, Kampfmesser 91
Utility Knife MkII, Kampfmesser 91

V
Vendetta, Messer 123
Victorinox 11, 50, 76, 78, 83
Viper 125

W
Wade, Wingfield & Rowbotham 113
Wade & Butcher 7
Walker, Greg 93
Walker, Messer 48
Wardell, Mick 21, 31
Warrior, Kampfmesser 94
Washington, George 54
Wave, Werkzeug 81
Wells, Samuel 114
Wells, Thomas 114
Wenger 76, 78, 83
Western Cutlery 10, 11, 139
Wharncliffe 52
Whitby Knives 139
Whittler, Messer 56
Whorter, George 114
Wild Cat, Messer 40, 41
Wild Country A2, Messer 17
Wiliams, Ivan 133
Wilkinson Sword 93, 101
Wilson 109, 112
Withworth 130
Wood, Alan 9, 20, 27, 48
Wootz, Stahl 19, 21
Wostenholm, George 6, 52, 110

Wragg, S. 113
Wright, Norris 109, 110, 114, 115

Y
Yarborough, Kampfmesser 96, 98
Yatagan, Bajonett 130, 131

Z
Zigarrenmesser 58